EUL VERLAG

Marketing und Kooperationen

Herausgegeben von Noshokaty, Döring & Thun, Berlin

Band 1
Angela Hund-Göschel
Music Sponsorship at a Turning Point
Lohmar – Köln 2009 ♦ 84 S. ♦ € 37,- (D) ♦ ISBN 978-3-89936-826-0

Band 2
Nadja Grabenströer
Web 2.0-Potenziale im strategischen Marketing
Lohmar – Köln 2009 ♦ 108 S. ♦ € 38,- (D) ♦ ISBN 978-3-89936-830-7

Band 3
Melanie Bartels
Marketingkooperationen und Sponsoring im Vergleich
Lohmar – Köln 2009 ♦ 104 S. ♦ € 38,- (D) ♦ ISBN 978-3-89936-863-5

JOSEF EUL VERLAG

Reihe: Marketing und Kooperationen · Band 3

Herausgegeben von Noshokaty, Döring & Thun, Berlin

Melanie Bartels

Marketingkooperationen und Sponsoring im Vergleich

Mit einem Geleitwort von Susanne Ewenstein

EUL VERLAG

Bibliografische Information der Deutschen Nationalbibliothek

Die Deutsche Nationalbibliothek verzeichnet diese Publikation in der Deutschen Nationalbibliografie; detaillierte bibliografische Daten sind im Internet über <http://dnb.d-nb.de> abrufbar.

ISBN 978-3-89936-863-5
1. Auflage November 2009

JOSEF EUL VERLAG GmbH
Brandsberg 6
53797 Lohmar
Tel.: 0 22 05 / 90 10 6-6
Fax: 0 22 05 / 90 10 6-88
E-Mail: info@eul-verlag.de
http://www.eul-verlag.de

Bei der Herstellung unserer Bücher möchten wir die Umwelt schonen. Dieses Buch ist daher auf säurefreiem, 100% chlorfrei gebleichtem, alterungsbeständigem Papier nach DIN 6738 gedruckt.

Geleitwort des Herausgebers

Die Zusammenarbeit unabhängiger Unternehmen ist in der Unternehmenspraxis im allgemeinen und im Marketing im speziellen fest verankert. Beispiele für letzteres sind sowohl Sponsoringaktivitäten als auch Marketingkooperationen. Beide Marketing-Instrumente haben einen kooperativen Charakter als Grundlage und die Schaffung eines Wettbewerbsvorteils zum Ziel. Trotz dieser Gemeinsamkeiten werden die zwei Instrumente bis dato nicht zusammenhängend betrachtet. Dabei sprechen für einen Vergleich der Instrumente sowohl diese Gemeinsamkeiten, als auch im Markt wahrnehmbare Veränderungen im "älteren" der beiden Instrumente, dem Sponsoring. Denn Unternehmen setzen Sponsoring nicht mehr nur für rein kommunikative Zwecke ein, sondern zunehmend auch für die Erreichung anderer Unternehmensziele wie beispielsweise der Absatzsteigerung. Damit wird Sponsoring dem Instrument Marketingkooperationen ähnlicher. Diese Entwicklung lässt eine Annäherung der Instrumente annehmen und wirft die Frage auf, inwieweit sich Sponsoring aktuell noch von Marketingkooperationen unterscheidet und welche neuen Anforderungen sich aus einer Annäherung der Marketing-Instrumente für Unternehmen ergeben.

In der Forschung wurde einer zusammenhängenden Betrachtung der Instrumente Marketingkooperationen und Sponsoring bislang keine Aufmerksamkeit zuteil, obwohl sowohl über Marketingkooperationen als auch über Sponsoring eine Vielzahl von wissenschaftlichen Arbeiten verfasst wurde.

Die vorliegende Arbeit adressiert diese Lücke: Mit der Definition des Begriffes „kooperative Marketinginstrumente" schafft die Arbeit zu Beginn die Grundlage für eine vergleichende Gegenüberstellung der beiden Instrumente. Darauf folgt ein Vergleich der Instrumente Sponsoring und Marketingkooperationen auf Basis theoretischer Erörterungen entlang der Management-Prozesse: Zielsetzung, Konzeption, Partnerakquise und Integration. Von den im Theorieteil herausgestellten Gemeinsamkeiten und Differenzen leitet die Arbeit 13 Hypothesen ab, die durch eine Befragung von Kooperationsexperten überprüft wurden. Zwölf dieser Hypothesen konnten verifiziert werden. Im letzten Teil der Arbeit leitet die Autorin aus den gewonnenen Erkenntnissen die Implikationen für Unternehmen ab und gibt somit Kooperationsexperten greifbare Handlungsempfehlungen an die Hand.

Die Arbeit bestätigt die Annäherung der Instrumente Marketingkooperationen und Sponsoring, die vor allem auf einer zunehmend diversifizierten Ausgestaltung von

Sponsoring beruht. Darüber hinaus wurde eine übergeordnete Begriffsdefinition entwickelt, welche beide Instrumente in ihrer Gesamtheit beschreibt. Indem die Autorin aus den gewonnenen Erkenntnissen Handlungsempfehlungen für Kooperationsverantwortliche ableitet, hat sie mit dieser Arbeit nicht nur einen Beitrag zum akademischen Diskurs, sondern auch für die Unternehmenspraxis geleistet.

Berlin, November 2009
Susanne Ewenstein
Noshokaty, Döring & Thun

Vorwort und Dank der Autorin

An dieser Stelle möchte ich all denjenigen Personen danken, die einen entscheidenden Anteil an der Realisierung dieser Arbeit geleistet haben.

Ein ganz besonderer Dank gilt Simon Thun und Susanne Ewenstein, die mich an Ihren wertvollen Erfahrungen im Bereich Marketingkooperationen und Sponsoring teilhaben ließen und mir bei offenen Fragen jederzeit zur Seite standen und in vielerlei Richtung Anregungen gaben.

Bei Herrn Prof. Dr. Schwedler bedanke ich mich für die Betreuung dieser Diplomarbeit. Durch sein entgegengebrachtes Vertrauen und die gewährten Freiräume schuf er für mich die bestmöglichen Arbeitsbedingungen. .

Ebenso bedanke ich mich herzlich bei allen Interviewpartnern, die es mir ermöglicht haben, den angestrebten Vergleich durchzuführen und mir eine wertvolle Praxisperspektive zu diesem Thema gegeben haben.

Meinen Eltern danke ich, dass Sie mir ein sorgenfreies Studium ermöglicht haben, mich auf all meinen Wegen unterstützt und immer an mich geglaubt haben.

Berlin, November 2009
Melanie Bartels

Inhaltsverzeichnis

Abkürzungsverzeichnis

B2B	Business to Business
BMW	Bayrische Motorenwerke
BMWT	Bundesministerium für Wirtschaft und Technologie
CEO	Chief Executive Officer
CPO	cost per order
DHB	Deutscher Handballbund
DSL	Dialogue Scripting Language
DTM	Deutsche Tourenwagen Masters
f.	und folgende Seite
ff.	fort folgende Seiten
F&E	Forschung & Entwicklung
FASPO	Fachverband für Sponsoring & Sonderwerbeformen
FMCG	Fast Moving Consumer Goods
H	Hypothese
H&M	Hennes & Mauritz
Hrsg.	Herausgeber
IBM	International Business Machines Corporation
KMU	Kleine und Mittlere Unternehmen
MTP	Marketing zwischen Theorie und Praxis e.V.
ND&T	Noshokaty, Döring & Thun
o.D.	ohne Datum
o.V.	ohne Verfasser
POS	Point of Sale
Q	Quartal
RTL	Radio Télévision Luxembourg
S.	Seite
SEB	Skandinaviska Enskilda Banken
UMTS	Universal Mobile Telecommunications System
UNO	United Nations Organization
USP	Unique Selling Proposition
Vgl.	Vergleiche
WMF	Württembergische Metallwarenfabrik

Abbildungsverzeichnis

1. Beweggrund für einen Vergleich von Marketingkooperationen und Sponsoring

1.1 Problemstellung

Durch die gestiegene Produkt- und Markenvielfalt ist das Angebot für die Konsumenten kaum noch überschaubar. Allein in Deutschland werden mittlerweile rund 40.000 verschiedene Süßwaren angeboten. Im Automobilbereich kann der Endverbraucher aus mehr als 800 Modellen wählen.[1] Da die Produkte deswegen zunehmend austauschbar geworden und die Märkte nahezu gesättigt sind, herrscht ein verschärfter Kampf um die Gunst der Konsumenten.[2] Sie werden mit zahlreichen Werbebotschaften überhäuft, die sie zum Großteil gar nicht mehr bewusst wahrnehmen können.[3] Darüber hinaus ermöglicht die rasante Entwicklung neuer Technologien, wie z.B. das Internet, eine erhöhte Vergleichbarkeit der Produkte. Eine Intensivierung des Wettbewerbs ist die Folge.

An dieser Stelle wird deutlich, dass Unternehmen mit einer Reihe von Herausforderungen konfrontiert werden, wie u.a. die

- Erschließung neuer Wachstumsquellen
- Differenzierung der eigenen Marke gegenüber dem Wettbewerb
- Vermeidung der Abwanderung von Bestandskunden und die
- Adressierung neuer Zielgruppen.[4]

Vor diesem Hintergrund hat die Bedeutung von Marken und deren Management in den letzten Jahren zugenommen. „Die Aufgabe, neue Wege für mehr und insbesondere einzigartige Markenpräsenz zu finden, steht heute auf der Agenda von Marken-Verantwortlichen weit oben."[5] Aufgrund spezialisierter und begrenzter Kernkompetenzen stoßen Unternehmen bei dieser Aufgabe jedoch immer häufiger an die Grenzen ihrer eigenen Leistungsfähigkeit.[6] „Insofern können Kooperationen eine Möglichkeit darstellen, die eigene Wettbewerbsposition zu verbessern."[7] Und zwar durch Kosten-, Differenzierungs- und Zeitvorteile.[8] Ebenso kann eine Kooperation mit Imageträgern, wie z.B. anderen Marken, Sportlern, Vereinen und Institutionen sowie deren Integration in die Markenpolitik, die

[1] Vgl. Liebmann, H.P.; Friessnegg, A.; Gruber, E.; Riedl, H. (2006), S. 37
[2] Vgl. Esch, F.-R. (2005), S. 129
[3] Vgl. Meffert, H. (2000a), S. 108
[4] Vgl. Huber, A.; Thun, S. (2007), S. 45
[5] Veit, R. (2006), S. 12
[6] Vgl. Töpfer, A. (2005), S. 1277; auch: vgl. Wrona, T.; Schell, H. (2005), S. 335
[7] Doz, Y.L.; Hamel, G. (1998), zitiert in: Zentes, J.; Swoboda, B.; Morshett, D. (2005), S. 335
[8] Vgl. Benkenstein, M.; Beyer, T. (2005), S. 814

Positionierung einer bestehenden Marke durch höhere Glaubwürdigkeit beeinflussen oder die Bekanntheit einer neuen Marke steigern.[9]

Im Bereich Marketing haben sich Marketingkooperationen und Sponsoringpartnerschaften als mögliche Wachstumshebel etabliert. Im Vergleich zum Vorjahr konnten im Jahr 2008 über die fortlaufende Marktbeobachtung von Noshokaty, Döring & Thun (ND&T) nahezu 900 neue Marketingkooperationen in Deutschland registriert werden. Gleichzeitig belegt die Studie Sponsor Visions[10] 2008, dass es auch im Sponsoring-Markt einen deutlichen Aufwärtstrend zu beobachten gibt. Der Grund dafür ist in der dynamischen Weiterentwicklung des Instruments innerhalb der vergangenen Jahre zu finden.[11] Komplexe Begleitmaßnahmen und neue Möglichkeiten der Vernetzung haben zu einer Weiterentwicklung beigetragen.

1.2 Zielsetzung

Im Fokus dieser Arbeit steht der Vergleich der Instrumente *Marketingkooperation* und *Sponsoring*. Die zunehmend professionalisierte Anwendung von Sponsoring wird u.a. in der Ausgestaltung der Maßnahmen innerhalb des Marketing-Mixes sichtbar. Die Anforderungen, welche die Unternehmen an den Beitrag stellen, scheinen deutlich gestiegen zu sein. Diese Tatsache lässt die Vermutung zu, dass die Engagements in den vergangenen Jahren vermehrt Eigenschaften von Marketingkooperationen angenommen haben. Möglicherweise beruht eine Trennung beider Begriffe lediglich auf festgefahrenen organisatorischen Einstellungen anstatt auf tatsächlichen inhaltlichen Unterschieden. In der Literatur wurden die beiden Instrumente noch nicht zusammenhängend betrachtet. Daher gibt es für die Werkzeuge auch keinen determinierten Oberbegriff. Nach der Entwicklung einer übergeordneten Bezeichnung ist es das Ziel dieser Arbeit, Berührungspunkte und bestehende Unterschiede aufzudecken. Daraus sollen konkrete Handlungsempfehlungen für Vertreter aus der Unternehmenspraxis abgeleitet werden.

1.3 Methodische Vorgehensweise

Die vorliegende Arbeit gliedert sich in sechs Kapitel. Nach der Einleitung und Themeneinführung in Kapitel eins werden im zweiten Abschnitt die theoretischen Grundlagen zu kooperativen Marketinginstrumenten behandelt. Hier erfolgt eine deskriptive Auseinander-

[9] Vgl. Baumgarth, C. (2001), S. 163

[10] Seit 2000 beleuchtet die Studienreihe Sponsor Visions den deutschen Sponsoring-Markt. Jedes Jahr werden rund 250 Experten aus Unternehmen und Agenturen zum aktuellen Stellenwert und zukünftigen Entwicklungen befragt.

[11] Vgl. Bruhn, M. (2003), S. 347

setzung mit diesem Begriff sowie mit den Werkzeugen Marketingkooperation und Sponsoring selbst. Anschließend wird die Bedeutung der Instrumente getrennt voneinander erörtert. Dazu werden jeweils die Erscheinungsformen sowie aktuelle Entwicklungen und Trends der einzelnen Bereiche beleuchtet. In dem sich anschließenden Kapitel drei findet ein Vergleich der Instrumente auf Basis theoretischer Erörterungen statt. Die Gegenüberstellung der Instrumente erfolgt in den vier Dimensionen Zielsetzung, Konzeption, Partnerakquise und Integrationsgrad. Nach der getrennten Betrachtung werden die beiden Instrumente einander gegenüber gestellt und hinsichtlich Gemeinsamkeiten und Unterschieden untersucht. Für einen Abgleich der theoretischen Erkenntnisse mit praktischen Erfahrungen werden in Kapitel vier die durchgeführten Expertengespräche ausgewertet. In diesem Abschnitt sollen des Weiteren die identifizierten Unterschiede geprüft werden. Darauf aufbauend werden in Kapitel fünf die daraus resultierenden Handlungsempfehlungen für die Verantwortlichen der Kooperationsabteilungen vorgestellt. Die Diplomarbeit endet mit Kapitel sechs, in dem eine abschließende Betrachtung zu den gewonnenen Erkenntnissen durchgeführt wird. Außerdem wird ein Ausblick mit zukünftigen Tendenzen und Entwicklungen gegeben.

2. Theoretische Grundlagen zu kooperativen Marketinginstrumenten

Die Instrumente Marketingkooperation und Sponsoring zeichnen sich durch ihren kooperativen Charakter aus. Innerhalb des Marketing-Mixes haben sich beide Formen etabliert. Dennoch gibt es in der Literatur derzeit keinen Oberbegriff, der die zwei Marketinginstrumente unter einem „Dach" zusammenfasst und die Werkzeuge in ihrer Gesamtheit beschreibt. Ein derartiger Begriff soll nachfolgend aufgestellt werden.

2.1 Allgemeine Begriffsdefinition „Kooperative Marketinginstrumente"

Die zwei signifikanten Termini *Marketinginstrumente* und *kooperativ* sollen nachfolgend genauer untersucht werden.

Grundsätzlich versteht man unter dem Begriff *Marketinginstrumente* diejenigen Maßnahmen und Mittel, mit denen ein Unternehmen am Markt agiert, um die Marketingziele in der angestrebten Zielgruppe auf dem Zielmarkt zu erreichen.[12] MC CARTHY stellte fest, dass sich die Wirkungen aller Marketingmaßnahmen in vier Grundtypen zusammenfassen lassen, die sich auf das Produkt, den Preis, die Kommunikation und die Distribution beziehen und den so genannten *vier P's* entsprechen: Product (Produktpolitik), Price (Preispolitik), Promotion (Kommunikationspolitik) und Place (Distributionspolitik).[13] Das Zusammenwirken der einzelnen Marketinginstrumentarien nennt man Marketing-Mix.[14]

Im betriebswirtschaftlichen Zusammenhang definieren PICOT, REICHWALD und WIGAND den Begriff *Kooperation* wie folgt: „Eine Kooperation ist eine Form der freiwilligen zwischenbetrieblichen Zusammenarbeit [...] unter Wahrung wirtschaftlicher und rechtlicher Selbstständigkeit. Auf Basis einer Kooperationsvereinbahrung findet eine zweckorientierte Zusammenarbeit statt, die eine gemeinsame Erreichung eines oder mehrerer übergeordneter und nur gemeinsam erreichbarer Ziele anstrebt."[15] Also ist auch bei unterschiedlichen Zielsetzungen der Partner ein kooperatives Zusammenarbeiten möglich. Wichtig ist allerdings, dass jeder Teilnehmer einen Beitrag zum Ganzen leistet und sich für die Erreichung des Gesamtergebnisses einsetzt. In der Definition von WÖHE wird die Eigenschaft andauernder rechtlicher Selbstständigkeit und Autonomie der einzel-

[12] Vgl. Becker, J. (1998), S. 487
[13] Vgl. Mc Carthy, J.E. (1960), zitiert in: Becker, J. (1998), S. 487; auch: vgl. Bruhn, M. (2002), S. 28 f.
[14] Vgl. Kotler, P; Bliemel, F. (2001), S. 149; auch: vgl. Becker, J. (1998), S. 485
[15] Picot, A.; Reichenwald, R.; Wigand, R. (2001), S. 304

nen Unternehmen besonders hervorgehoben.[16] Andere Autoren erachten dagegen die Freiwilligkeit in der Zusammenarbeit als Hauptkriterium[17] oder sehen die Verbesserung der Wettbewerbsfähigkeit als bedeutendstes Merkmal.[18] *Kooperativ* handelt also letztlich derjenige, der freiwillig mit einem Partner zusammenarbeitet und sich mit seiner Leistung für die Erreichung der Ziele einsetzt.

Die Verbindung beider Begriffe führt zu der übergeordneten Bezeichnung *Kooperative Marketinginstrumente*, deren Definition die Basis dieser Arbeit darstellt.

Kooperative Marketinginstrumente bezeichnen
- die freiwillige Zusammenarbeit selbstständiger Marktpartner, die
- zur Erreichung eines oder mehrerer unterschiedlicher Marketingziele
- ihre jeweiligen Kompetenzen und/ oder Ressourcen bündeln
- und Maßnahmen entwickeln, die sich systematisch dem Marketing-Mix zuordnen lassen.

Eine Voraussetzung ist natürlich, dass die Selbstständigkeit der Marktpartner nach außen von der Zielgruppe erkannt und wahrgenommen werden kann. Somit sind diejenigen Kooperationen auszuschließen, die im B2B-Bereich stattfinden und nicht nach außen kommuniziert werden. Diese Kooperationen sind von der Zielgruppe nicht direkt wahrnehmbar.

2.1.1 Definition des kooperativen Instruments Marketingkooperation

Der Begriff Marketingkooperation beinhaltet die Zusammenarbeit zweier oder mehrerer Unternehmen im Marketing. „Dabei werden spezifische Kompetenzen und Ressourcen der Partner in die Kooperation eingebracht, um unter Nutzung ausgewählter Marketing-Mix-Instrumente die jeweiligen Ziele [...] effizienter als im alleinigen Vorgehen zu erreichen.“[19] Es geht also darum, für die Partner einen Vorteil zu generieren, eine so genannte *Win-Win-Situation* zu schaffen.[20] Marketingkooperationen sind vor allem sinnvoll, wenn sich die jeweiligen Marketingziele zweier Unternehmen in einer konkreten Leistung bündeln lassen.[21] Da es das Ziel ist, mit dieser Leistung einen klaren Mehrwert für den

[16] Vgl. Wöhe, G. (2000), S. 320
[17] Vgl. Bidlingmaier, J. (1967), zitiert in: Balling, R. (1997), S. 16
[18] Vgl. Benisch, W. (1973), S. 67
[19] Meyer, T; Schade, M. (2007), S. 7
[20] Schmidtchen, D. (2005), S. 67
[21] Vgl. Thun, S. (2007), zitiert in: Meyer, T.; Schade, M. (2007), S. 99

Endkunden zu generieren, spricht man oft auch von einer *Win-Win-Win-Situation.*[22] Insbesondere projektbezogene Zusammenschlüsse haben den Vorteil einer hohen Umsetzungsgeschwindigkeit, was bedeutet, dass Unternehmen das Instrument sehr flexibel einsetzen können. Die Partner bleiben rechtlich und wirtschaftlich unabhängig.[23]

Aufgrund der vielfältigen Einsatzmöglichkeiten und Schwerpunkte im Marketing-Mix ist eine genaue Zuordnung des Instruments zu einem der vier Grundtypen nicht möglich.[24] VILMAR fügt hinzu, dass im Zuge integrierter Marketingkonzepte auch mehrere Mix-Instrumente in die Marketingkooperation einbezogen werden können, sodass zum Teil auch Mischformen zu beobachten sind.[25] Da die Bezeichnung Marketingkooperation häufig synonym verwendet mit den Termini Marketingallianz, Markenkooperation, Co-Marketing, Kooperationsmarketing und Cross-Marketing, werden diese Bezeichnungen auch in dieser Arbeit bedeutungsgleich gebraucht.

> Im Rahmen dieser Arbeit bedeutet der Begriff Marketingkooperation
> - die Zusammenarbeit mindestens zweier selbstständiger Unternehmen
> - auf der Wertschöpfungsstufe des Marketing die
> - durch die Bündelung spezifischer Kompetenzen und/ oder Ressourcen
> - Maßnahmen entwickeln, mit denen sie
> - ihre jeweiligen Marketingziele verfolgen und bestehende Marktpotenziale ausschöpfen.

Im Verhältnis zu der übergeordneten Definition kooperativer Marketinginstrumente beschränkt sich die Zusammenarbeit in dieser Begriffserklärung auf selbstständige Unternehmen als Marktpartner. Ebenso steht auch hier die Bündelung der Kompetenzen und Ressourcen im Mittelpunkt, wodurch Maßnahmen realisierbar sind, welche die unterschiedlichen Marketingzielsetzungen erfüllen.

2.1.2 Definition des kooperativen Instruments Sponsoring

Unter dem Begriff Sponsoring versteht man „die Zuwendung von Finanz-, Sach- und/ oder Dienstleistungen von einem Unternehmen [...] an eine Einzelperson, eine Gruppe von

[22] Vgl. Brechtel, D. (2006), S. 32
[23] Vgl. Kreutzer, R.T.; Merkle, W. (2008), S. 185 f.
[24] Vgl. Benkenstein, M.; Beyer, T. (2005), S. 801
[25] Vgl. Vilmar, A. (2006), S. 57

Personen oder eine Organisation bzw. Institution [...], dem Gesponserten, gegen die Gewährung von Rechten zur kommunikativen Nutzung."[26] Die Gesponserten, welche auch als Sponsoring-Nehmer bezeichnet werden, sind nach der Definition von BRUHN mit den Bereichen Sport, Kultur, Soziales, Umwelt und/ oder den Medien verbunden.[27]

Ein wesentliches Merkmal des Sponsorings ist das Prinzip der Gegenseitigkeit. Da die Gesponserten ihre Projekte mit ihren eigenen Ressourcen allein oft nicht durchführen könnten, wird das Instrument in erster Linie zur Beschaffung von Finanzmitteln, Sachmitteln oder Know-how eingesetzt. Als Gegenleistung für die geforderte Unterstützung bieten die Vereine oder Organisationen den Sponsoren eine Reihe konkreter Leistungen und Nutzungsrechte, die sich jedoch häufig auf die Möglichkeit der Logointegration beschränken. Mit der Bekanntmachung dieser Verbindung bieten sie den Förderern die Partizipation an ihrem Erfolg, an ihrem guten Namen und ihrem Image.[28]

Aus Sicht der Sponsoren wird die Übereinkunft auch als Sponsorship bezeichnet.[29] Als Instrument des Kommunikations-Mixes erfüllt das Sponsoring für die Unternehmen hauptsächlich kommunikative Funktionen. Entgegen des reinen Erwerbs von Werbeflächen nutzen sie das Sponsoring, um sich auch inhaltlich mit den Aktivitäten des Sponsoring-Nehmers in Verbindung zu bringen. Die Unterstützung entspricht also einer echten Förderungsabsicht, mit der das Unternehmen eine gewisse gesellschaftliche Verantwortung bezeugen kann und damit wiederum Goodwill[30] in der Zielgruppe generiert.[31] Um die Glaubwürdigkeit der Förderung zu stärken, sollte das Sponsoring allerdings nicht nur als Einzelmaßnahme betrachtet werden. Schließlich wird das Instrument auch als „Baustein der integrierten Unternehmenskommunikation"[32] bezeichnet. D.h., dass die Sponsoringmaßnahmen nicht isoliert, sondern im Verbund mit anderen Marketing- und Kommunikationsinstrumenten eingesetzt werden. Für die Entwicklung geeigneter Maßnahmen muss das Sponsoring einen systematischen Planungs- und Entscheidungsprozess durchlaufen.[33]

[26] Hermanns, A.; Marwitz, C. (2008), S. 44
[27] Vgl. Bruhn, M. (2003), S. 5
[28] Vgl. Bortoluzzi Dubach, R.; Frey, H. (2007), S. 21
[29] Schmidt, S.J. (2004), S. 128
[30] Deutsche Übersetzung: Wohlwollen, guter Wille
[31] Vgl. Bruhn, M. (2003), S. 7
[32] Bruhn, M. (2003), S. 8
[33] Vgl. Bruhn (2003), S. 5

In dieser Arbeit wird das Sponsoring betrachtet als
- Zusammenarbeit eines Unternehmens mit einem Sponsoring-Nehmer
- aus dem Bereich Sport, Kultur, Soziales, Umwelt oder Media,
- wobei das Unternehmen das Ziel des Partners mit Finanz-, Sach-, oder Dienstleistungen unterstützt,
- um als Gegenleistung Nutzungsrechte zu erhalten, die es selbst für Maßnahmen zur Erreichung der eigenen Marketingziele verwerten kann.

Im Verhältnis zur übergeordneten Definition, in der Kooperationspartner als selbstständige Marktpartner angesehen werden, sind diese in der Sponsoring-Definition auf ein Unternehmen mit einem Sponsoring-Nehmer aus einem der aufgeführten Themenbereiche eingegrenzt. Der Schwerpunkt dieser Definition liegt auf den unterschiedlichen Motiven der Partner. Die Zielsetzung des Gesponserten fokussiert in der Regel einen finanziellen oder sachlichen Hintergrund. Dagegen wollen die Unternehmen mit der Verwertung der Maßnahmen vielseitige Ziele im Marketing realisieren, die sowohl die eigene Marke und das Produkt als auch vertriebliche Aspekte betreffen können. Die allgemeine Definition impliziert, dass die Maßnahmen gemeinsam entwickelt werden. Aus der Erklärung des Begriffes Sponsoring geht hervor, dass die Unternehmen diese Maßnahmen scheinbar selbst entwickeln.

2.2 Bedeutung des kooperativen Instruments Marketingkooperation

In diesem Kapitel sollen die vielseitigen Erscheinungsformen einer Marketingkooperation vorgestellt werden. Zum besseren Verständnis werden dazu aktuelle Beispiele angeführt. Anschließend liegt der Schwerpunkt der Erklärungen auf den aktuellen Entwicklungen und Trends dieses Instruments.

2.2.1 Erscheinungsformen

Auf folgende Erscheinungsformen soll in dieser Arbeit kurz eingegangen werden:

- Co-Branding
- Ingredient Branding
- Produktbündel
- Co-Advertising
- Co-Promotion
- Vertriebskooperationen

Co-Branding

Nach VILMAR ist unter dem Begriff „Co-Branding“ grundsätzlich die “systematische Markierung einer gemeinsamen *neuen* Leistung durch mindestens zwei Marken“ zu verstehen, wobei „diese sowohl für Dritte wahrnehmbar [sind] als auch weiterhin eigenständig auftreten müssen.“[34] Ein Vorteil des Co-Brandings entsteht, wenn die jeweiligen Kompetenzen der Marken so miteinander verbunden werden, dass beide Partner vom Image des Gegenübers profitieren und dem Verbraucher ein funktionaler oder emotionaler Zusatznutzen geboten wird.[35] Schließlich kann durch ein Co-Branding der Kundenstamm des jeweiligen Partners erschlossen werden.[36] Ein innovatives Co-Branding-Beispiel liegt in der Verknüpfung der Marken Nike und Apple. Der gemeinsam entwickelte *Nike+ iPod SportKit* besteht aus einem Sensor, der in der Innensohle eines speziell entwickelten Laufschuhs eingesetzt werden kann, und einem Empfänger für den iPod. Auf diese Weise können die Laufdaten protokolliert und an das digitale Musikabspielgerät weitergeleitet werden. Diese Partnerschaft verlief überaus erfolgreich, sodass nach der Einführung des SportKits Anfang 2006 weitere Produkte wie z.B. iPod-kompatible Laufbekleidung folgten.

Abbildung 1 - Marketingkooperation Nike + Apple

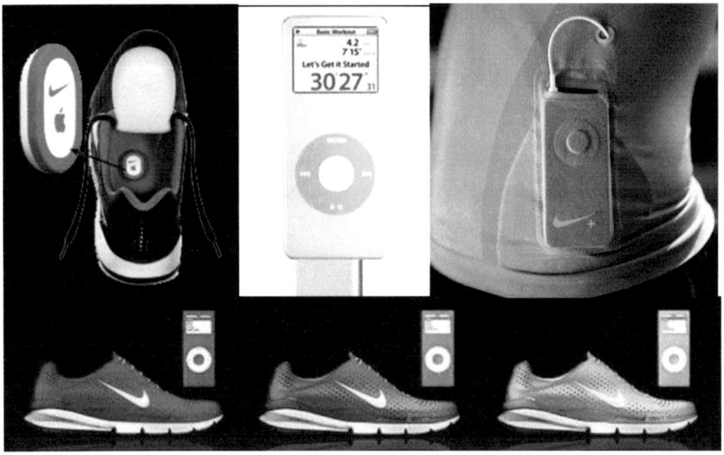

[34] Vilmar, A. (2006), S. 41
[35] Homburg, C.; Kromer, H. (2003), S. 522; auch: vgl. Brechtel, D. (2006), S. 30
[36] Vgl. Benkenstein, M.; Beyer, T. (2005), S. 813

Ingredient Branding

In der Verbindung umfasst der Begriff Ingredient Branding die „Markierung von Materialien, Komponenten und Teilen, die in anderen Produkten zum Einsatz kommen".[37] Das bedeutet, dass eine vorhandene Leistung mit einer zweiten Marke angereichert wird.[38] Die eigenständigen Leistungen der Partner müssen für die Verbraucher jedoch weiterhin sichtbar bleiben. Für den Endprodukthersteller ist es eine kostengünstige Möglichkeit, um sich vom Wettbewerb zu differenzieren. Der Vor-Produkt-Hersteller profitiert dagegen von einer Bekanntheitssteigerung in der Partnerzielgruppe und kann damit eine erhöhte Nachfrage für die eigenen Produkte generieren. Beim Ingredient Branding handelt es sich stets um vertikale Kooperationen, da sie zwischen Herstellern unterschiedlicher Stufen der Wertschöpfungskette stattfinden.[39] Das Beispiel zwischen dem Zulieferer von Mikroprozessoren Intel und diversen PC-Herstellern wie IBM, Compaq und Dell zeigt, dass sich die Produkte dabei ergänzen. In einer groß angelegten Werbekampagne wurde das Logo *intel inside* als Gütezeichen gut sichtbar auf die Computergehäuse der PC-Hersteller geklebt und in gemeinsame Werbemaßnahmen integriert.

Produktbündel

Bei diesem Kooperationstyp werden innerhalb des Aktionszeitraums Produkte zweier Marken gemeinsam zu einem vergünstigten Preis angeboten.[40] Insbesondere bei der Einführung eines neuen Produktes ist die Produktbündelung vorteilhaft, da die Verbraucher der neuen Marke in Kombination mit dem etablierten Produkt mehr Vertrauen schenken und die Anzahl der Probierkäufe gesteigert wird. So erleichterte die Kooperation zwischen Senseo, dem Marktführer im Segment Kaffeepads, und dem Marmeladenhersteller Schwartau bspw. die Produkteinführung des neuen Frühstücksaufstrichs „Extra Samt". Unter dem Motto „Das cremigste Frühstück des Jahres" wurde ein attraktiver 3+1 Karton angeboten, der drei Packungen Senseo Kaffeepads und ein gratis Glas des neuen Aufstrichs enthielt. Senseo konnte seinen Kunden damit einen Zusatznutzen bieten, sich von der Konkurrenz differenzieren und im Aktionszeitraum die Abverkäufe steigern.[41]

[37] Esch, F.-R. (2007), S. 413
[38] Vgl. Scharnowski, F. (2006), S. 419
[39] Vgl. Vilmar, A. (2006), S. 43; auch: vgl. Zentes, J.; Swoboda, B.; Morshett, D. (2005), S. 392
[40] Meyer, T.; Schade, M. (2007), S. 38
[41] Vgl. Meyer, T.; Schade, M. (2007), S. 38 f.

Abbildung 2 – Produktbündel Senseo + Schwartau

Quelle: Schwartau (2008)

Co-Advertising

Co-Advertising bezeichnet kooperative Werbung, bei der Kommunikationsmaßnahmen gemeinsam umgesetzt werden. Dabei bleibt allerdings jede Marke einzeln erkennbar.[42] Im Gegensatz zum Co-Branding konzentrieren sich die Partner hier ausschließlich auf gemeinsame Kommunikationsaktivitäten. Ein Vorteil dieser Kooperationsform ist, dass die Kosten für Werbeausgaben aufgeteilt werden. Als Beispiel für eine kreative Umsetzung des Co-Advertisings sei die TV-Kampagne von Warsteiner und Zewa angeführt. Im ersten Teil der zwei direkt aufeinander folgenden TV-Spots stößt das Warsteiner-Glas vermeintlich an den Bildschirm und hinterlässt einen Schaumfleck, der langsam den Bildschirm herunter läuft. Im anschließenden zweiten Teil wird dieser Fleck von mit einem Zewa Wisch & Weg-Tuch von innen gereinigt.[43] Den Kunden wird die Einsatzmöglichkeit des Zewa-Tuches somit auf kreative Weise veranschaulicht. Warsteiner profitierte neben der Kostenersparnis bei der Spot-Entwicklung von dieser innovativen Werbeidee und von einem höheren Aufmerksamkeitswert.

Co-Promotion

Unter Co-Promotions werden gemeinsame Verkaufsförderungsaktionen verstanden, also „öffentlichkeitswirksame Aktionen aller Art, die mindestens zwei Marken gemeinsam durchführen".[44] Damit sind z.B. Gewinnspiele, Sampling-Aktionen, Events, Messeauftritte

[42] Vgl. Willhardt, R. (2007), S. 42
[43] Vgl. Vilmar, A. (2006), S. 60
[44] Wieczorek, M.; Lachmann, J., zitiert in: Meyer, T.; Schade, M. (2007), S. 45

oder Road Shows gemeint, die kurzfristig ausgelegt sind und zusammen mit einem Partner durchgeführt werden.[45] Ein Co-Promotion-Beispiel ist die gemeinsame Aktion von eBay und Coca-Cola, bei der die Coke-Konsumenten einen Tag mit der Musikgruppe „Scorpions" ersteigern konnten. Den Zugang zu dieser Auktion erhielt man jedoch nur mit einem der auf über 140 Millionen Coke-Flaschen geprägten Codes.[46] In dieser Arbeit soll auch das Couponing[47] den Co-Promotion-Maßnahmen zugeordnet werden. Ein Beispiel hierfür ist die Kooperation zwischen dem DSL-Anbieter Arcor und Amazon. Bei Abschluss eines DSL-Vertrages erhielten die Kunden einen 50 Euro-Gutschein für den Online-Versandhandel.[48] Für viele Unternehmen ist vor allem das Ansprechen neuer Kunden ausschlaggebend für die Durchführung solcher Aktionen.

Vertriebskooperationen

Bei Vertriebskooperationen werden die Produkte oder Leistungen eines Unternehmens über den Absatzkanal eines Partnerunternehmens vertrieben. Vor dem Hintergrund der Zielsetzung, neue Kundengruppen anzusprechen, suchen die Unternehmen verstärkt nach neuen ungewöhnlicheren Absatzkanälen „fernab von ausgetretenen Pfaden".[49] Während das eine Unternehmen auf diese Weise die Möglichkeit erlangt, durch die Distribution über den Kooperationspartner neue Zielgruppen zu adressieren, kann der Partner sein eigenes Angebot durch die Aufnahme einer attraktiven Partnerleistung aufwerten und damit einen Zusatznutzen für die Kunden generieren. Oft erzielen diese Partnerschaften enorme PR-Effekte, wie das Beispiel der Kooperation zwischen der Deutschen Bahn und dem Discounter Lidl zeigt, worüber u.a. in der Tagesschau berichtet wurde.[50] Im Jahr 2005 wurden erstmals 500.000 Fahrkartenhefte mit zwei Bahntickets zum vergünstigten Preis von 49,90 Euro angeboten. Nach dem großen Erfolg kooperierte die Bahn im Jahr 2006 ebenso mit Tchibo und Ende 2008 erneut mit Lidl. [51] Obwohl *Affiliate-Programme* stark standardisiert sind, können sie den Vertriebskooperationen zugeordnet werden. Diese Programme beruhen auf Verlinkungen mit dem Partner im Internet[52], z.B. über Banner, und werden erfolgsorientiert vergütet.

[45] Vgl. Vilmar, A. (2006), S. 43 f.
[46] Vgl. Kreutzer, R.T. ; Merkle, W. (2008), S. 189
[47] Preismaßnahmen, bei der die Kunden eines Unternehmens Vergünstigungen von dem Kooperationspartner erhalten.
[48] Vgl. Meyer, T.; Schade, M. (2007), S, 40
[49] Forster, T., Wieking, K. (2005), S. 16
[50] Vgl. Forster, T.; Wieking, K. (2005), S. 16
[51] Vgl. o.V. (2008a)
[52] Vgl. Büttgen, M. (2003), S. 216

2.2.2 Entwicklungen und Trends

Es vergeht kaum ein Tag, an dem nicht Meldungen zu Kooperationsvorhaben und nicht für möglich gehaltenen Allianzen erscheinen.[53] Im Rahmen der fortlaufenden Marktbeobachtung von ND&T konnten im vierten Quartal 2008 allein 300 neue Marketingkooperationen in Deutschland registriert werden. Obwohl das Instrument bereits in der Vergangenheit erfolgreich war, scheint es „in der Gegenwart zusätzlich an Fahrt gewonnen"[54] zu haben. Die folgende Abbildung drei veranschaulicht, dass sich die Anzahl durchgeführter Marketingkooperationen im Vergleich zum Quartal 4 (Q4) im Jahr 2006 nahezu verdreifacht hat.

Abbildung 3 – Steigende Bedeutung von Marketingkooperationen

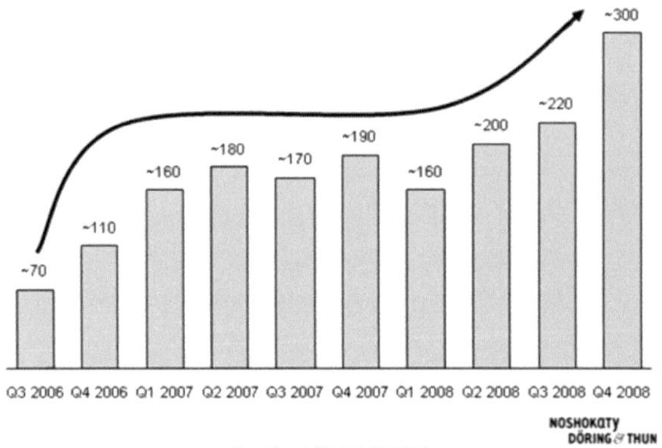

Quelle: ND&T (2009)

Darüber hinaus können folgende Trends und Entwicklungen beobachtet werden:

- Anstieg von Kooperationen zwischen branchenfremden Unternehmen
- Hohe Anzahl an Kooperationen im Onlinebereich
- Entwicklung periodisch wiederkehrender Kooperationsstrategien
- Nachahmung erfolgreicher Kooperationskonzepte durch Wettbewerber
- Errichtung von Kooperationsabteilungen in den Unternehmen

Mit zunehmender Anzahl und steigendem Interesse am Thema Cross-Marketing entstehen auch immer innovativere und kreativere Konzepte zwischen Unternehmen unter-

[53] Vgl. Zukunftsinstitut (2006b)
[54] Vgl. Vilmar, A. (2006), S. 13

schiedlicher Branchen. Vor nicht allzu langer Zeit erschien es aufgrund bestehender Branchengrenzen mehr oder weniger undenkbar dass bspw. ein Discounter für eine gewisse Zeit Bahntickets verkauft oder ein Markenartikler der Süßwarenbranche mit einem Spirituosenhersteller (Ritter Sport + Ramazotti[55]) ein gemeinsames Produkt auf den Markt bringt.[56]

Die fortlaufende Entwicklung des Internets hat ferner dazu geführt, dass auch vermehrt Kooperationen zwischen Onlineplattformen zustande kommen. Hier ist die Einbindung des Partners meist mit wenig Aufwand verbunden, da sie auf einfacher inhaltlicher Integration und Verlinkungen beruht. Die notwendigen Kompetenzen für die Umsetzung sind auf beiden Seiten vorhanden.

Mittlerweile haben einige Unternehmen systematische Kooperationsstrategien entwickelt, die sie weitgehend unverändert in wiederholter Form umsetzen. Beispielhaft sei hier die Zusammenarbeit der schwedischen Modekette H&M mit mehreren Designern genannt, durch die den Konsumenten der Erwerb exklusiver Haute-Couture-Mode zu günstigen Preisen ermöglicht wird. Seitdem die gemeinsame limitierte Kollektion mit Chanel-Designer Karl Lagerfeld im Jahr 2004 einen großen Erfolg brachte, wurde das Konzept fortgesetzt. So kreierte H&M exklusive Designstücke außerdem in Zusammenarbeit mit Stella McCartney, Viktor & Rolf, Roberto Cavalli und Rei Kawakubo, der Designerin des Modelabels Comme des Garçons.[57] Für das Jahr 2009 kündigte das Unternehmen bereits die Fortführung mit dem britischen Designer Matthew Willamson an.[58]

[55] Vgl. o.V. (2007)
[56] Vgl. Kreutzer, R.T.; Merkle, W. (2008), S. 185
[57] Vgl. Innerhofer, J. (o.D. a)
[58] Vgl. H&M (o.D.)

Abbildung 4 - Marketingkooperation H&M + Comme des Garçons

Quelle: H&M Newsletter, November 2008

Aufgrund des großen Erfolges werden Kooperationskonzepte häufig auch von Wettbewerbern kopiert. Das belegt die Kooperation von Karstadt mit Kaviar & Gauche und Kostas Murkudis im Jahr 2008.[59] Aber auch Modeketten wie Zara, Mango und Top-Shop lassen bekannte Persönlichkeiten wie Penelope Cruz, Anastacia und Kate Moss als Modeschöpferinnen bei sich auftreten.[60]

Um gegenüber Mitbewerbern wirklich einen entscheidenden Vorteil zu haben und echte Beachtung und Aufmerksamkeit zu erzielen, sollten die Unternehmen jedoch den *First-Mover Vorteil* nutzen, indem sie als erstes Unternehmen mit einem neuartigen und kreativen Konzept auf dem Markt auftreten.[61] Damit kommen sie ihren Wettbewerbern zuvor, sodass der Bereich nur noch schwer nachbesetzt werden kann. Um die Erfahrungen und das Wissen für neue Partnerschaften zu nutzen, etablieren immer mehr Unternehmen Kooperationsabteilungen. Vor allem bei einer strategischen Bedeutung der Kooperationen ist die Einrichtung einer solchen Abteilung sinnvoll: Prozesse können systematisiert durchgeführt und Synergien genutzt werden.[62]

[59] Vgl. Haladin, A. (2008)
[60] Vgl. Innerhofer, J. (o.D. b)
[61] Vgl. Wrona, T; Schell, H. (2005), S. 336
[62] Vgl. Schögel, M. (2006), S. 303 f.

2.3 Bedeutung des kooperativen Instruments Sponsoring

Nachfolgend sollen die typischen Erscheinungsformen des Sponsorings erklärt und mit Beispielen veranschaulicht werden. Für den späteren Vergleich der kooperativen Instrumente ist insbesondere die anschließende Betrachtung der aktuellen Entwicklungen und Trends wichtig.

2.3.1 Erscheinungsformen

In dieser Arbeit sollen folgende Sponsoringformen kurz erläutert werden:

- Sportsponsoring
- Kunst- und Kultursponsoring
- Sozio- und Umweltsponsoring
- Bildungssponsoring
- Mediensponsoring

Sportsponsoring

„Sportsponsoring ist eine Form des sportlichen Engagements von Unternehmen, bei dem durch die Unterstützung von Einzelsportlern, Sportmannschaften, Vereinen, Verbänden oder Sportveranstaltungen Wirkungen im Hinblick auf die Unternehmenskommunikation erzielt werden."[63] Neben der Einbindung des Logos auf Banden oder auf dem Trikot der Sportler wird zunehmend auch nach neuen, originellen Integrationsmöglichkeiten gesucht. Einige Unternehmen nutzen so bspw. das Namensrecht, das so genannte *Namingright*, an einem Stadion oder einer Arena.[64] Als Beispiel seien hier die AOL-Arena in Hamburg und die Allianz-Arena in München genannt. Innerhalb des emotionalen Umfeldes beim Sportsponsoring hoffen die Unternehmen, dass sich die Attribute jung, modern und dynamisch auf die eigene Marke übertragen. Bei Sportarten mit einem großen Publikumsinteresse ist eine hohe Präsenz in den Massenmedien garantiert. An großer internationaler Beliebtheit erfreuen sich neben der Fußball-WM auch die Olympischen Spiele und die Formel 1. Diese Sportarten sind für internationale Marktauftritte am besten geeignet.[65] Aber auch auf regionaler Ebene können viele kleinere Sportvereine nicht mehr auf die finanzielle Unterstützung durch Sponsoring verzichten.

[63] Bruhn, M. (2003), S. 42
[64] Vgl. Cordes, M.; Schulte, P. (2006), S. 16 ff.
[65] Vgl. Woisetschläger, D. (2006), S. 2

Kunst- und Kultursponsoring

Zum Kunst- und Kultursponsoring zählen Engagements in den Bereichen der bildenden Kunst, darstellenden Kunst, Musik, Literatur, Film und Multimedia.[66] Da die staatliche Finanzierung einiger Kunst- und Kulturprojekte zum Teil nicht ausreicht und Unternehmen im Rahmen der Markenführung die Bekanntheit und das spezifische Image stärken wollen, kommen immer mehr Partnerschaften zwischen Wirtschaft und Kunst zustande. Als Nachteil wird jedoch oftmals die mangelnde Erwähnung des Sponsors über die Medien gesehen. Am Beispiel der 18-monatigen Musiksponsoring-Partnerschaft zwischen T-Mobile und Robbie Williams wird allerdings deutlich, dass weitere Integrationsmöglichkeiten zur Ausgestaltung eines Sponsorships entwickelt werden. So stellte der Mobilfunkanbieter seinen Kunden bspw. Backstageinformationen, Soundlogos, Hintergrundbilder sowie Videos zum Download zur Verfügung und ermöglichte die Übertragung eines Lifekonzerts auf die UMTS-Handys seiner Kunden.

Abbildung 5 - Sponsoring T-Mobile + Robbie Williams

Quelle: eigene Darstellung, in Anlehnung an o.V. (2008c)

Sozio- und Umweltsponsoring

Sponsoringengagements im sozialen bzw. ökologischen Bereich leisten einen Beitrag zur Lösung humanitärer oder sozialer Probleme in der Gesellschaft.[67] Gleichzeitig bieten sie den Unternehmen die Chance, gesellschaftspolitische und soziale Verantwortung zu demonstrieren und somit Loyalität gegenüber Unternehmen und Marke zu schaffen.[68] Um das Vertrauen der Öffentlichkeit zu gewinnen, spielt die glaubwürdige Gestaltung des Sponsorships und konsequentes Unternehmensverhalten eine große Rolle. Die Gegenleistung fällt bei dieser Erscheinungsform relativ gering aus, da bei einer kommunikativen

66 Vgl. Hermanns, A.; Marwitz, C. (2008), S. 88 f.
67 Vgl. Hermanns, A.; Marwitz, C. (2008), S. 103
68 Vgl. Bruhn, M. (2003), S. 209

Ausdehnung die Glaubwürdigkeit fragwürdig erscheint.[69] Eine geschickte Verknüpfung des Sozio- mit dem Umweltsponsoring liefert das Beispiel von mobilcom Austria, die im Rahmen ihres langjährigen Engagements für „Ärzte ohne Grenzen“[70] für jedes zurückgegebene Mobiltelefon drei Euro spendeten. Mit wenig Aufwand konnten die Kunden ihre gebrauchten oder funktionsuntüchtigen Handys entsorgen und bekamen gleichzeitig ein gutes ökologisches und soziales Gewissen.[71]

Bildungssponsoring

In Deutschland war die Bildungsfinanzierung lange Zeit alleinige Aufgabe des Staates. Um ihr Angebot in der gewünschten Qualität aufrechterhalten zu können, mussten sich Schulen, Kindergärten und andere Bildungseinrichtungen jedoch zunehmend auf die Suche nach alternativen Finanzierungsquellen begeben.[72] Der finanzielle Druck ließ eine Genehmigung der so genannten Drittmittelregelung zu, wonach Hochschulen Gelder von Stiftungen und Unternehmen annehmen dürfen.[73] Damit umfasst das Bildungssponsoring vertraglich geregelte Zuwendungen zur Förderung aller Einrichtungen des Bildungswesens. Wie auch im Sport wird hier als Gegenleistung neuerdings das *Namingright* eingesetzt. Ein Beispiel hierfür ist die Umbenennung des ehemaligen Hörsaales Z02 der FH Würzburg in *Aldi-Süd-Hörsaal*.[74]

Mediensponsoring

Fälschlicherweise wird das Mediensponsoring häufig noch mit den Begriffen TV-Sponsoring oder Programmsponsoring gleichgesetzt. Tatsächlich schließt der Begriff diese Formen jedoch ein. Mit der Entwicklung neuer Medien haben sich auch für Unternehmen neue Möglichkeiten ergeben, um über diese Plattformen kommunikative Ziele zu erreichen. [75] „So bildet das Mediensponsoring den Oberbegriff für Möglichkeiten des Sponsorings in unterschiedlichen Medien wie Fernsehen, Radio, Printmedien, Internet und Kino.“[76] Neben der klassischen Mediawerbung haben Unternehmen hiermit die Möglichkeit, als *Presenter*[77] von Fernsehsendungen oder Radioübertragungen aufzutreten, um eine gewisse Verbindung der Marke mit dem Programm aufzuzeigen. Dies wird beispiels-

[69] Vgl. Hermanns, A.; Marwitz, C. (2008), S. 105
[70] Ärzte ohne Grenzen ist eine medizinische Nothilfeorganisation, die sich für Menschen in Not, für Opfer von Katastrophen und bewaffneten Konflikten einsetzt.
[71] Vgl. Bucher, F. (2005), S. 239
[72] Vgl. Mayer, A. (2005), S. 26
[73] Vgl. o.V. (2004)
[74] Vgl. Heinemann, K. (2006), S. 22
[75] Vgl. Bruhn, M. (2003), S. 292 f.
[76] Bruhn, M. (2003), S. 293
[77] Deutsche Übersetzung: Präsentator, Veranstalter

weise durch die Einblendung des Sponsors mit seinem Logo und einem entsprechenden Texthinweis („Die Sendung wird Ihnen präsentiert von...") vor der Ausstrahlung realisiert. Die Vielfältigkeit der Integrationsmöglichkeiten wird am Beispiel des privaten Fernsehsenders Premiere sichtbar, der den Sponsoren entsprechende Optionen zur Einbindung bietet.

Abbildung 6 - Premiere Mediensponsoring

Quelle: Premiere (o.D.)

2.3.2 Entwicklungen und Trends

In den letzten Jahren hat sich das Sponsoring dynamisch weiterentwickelt und ist dabei längst mehr geworden als ein einfaches Instrument des Kommunikations-Mixes. Sergio Zyman, ehemaliger Marketingmanager bei Coca-Cola, bemerkte bereits im Jahr 2001: "Sponsorship, the way it is done today is dead"[78] und deutet damit grundlegende Veränderungen an.

[78] Zyman, S., zitiert in: Farrelly, F.; Quester, P. (2005), S. 55

Folgende Entwicklungen und Trends können aufgezeigt werden:

- Entwicklung übergreifender Begleitmaßnahmen
- Professionalisierung durch erhöhten systematischen Planungsprozess
- Steigende Bedeutung der Wirkungsleistung für die Marke
- Neuartigkeit und Kreativität ist der entscheidende Erfolgsfaktor

In der Vergangenheit bestanden Sponsoringengagements der Unternehmen überwiegend in der einfachen Logoabbildung, wie z.B. auf Plakaten, Banden oder Eintrittskarten einer gesponserten Veranstaltung. D.h. es wurden mögliche Orte für die Platzierung des Logos angeboten. Aktuell werden zahlreiche Begleitmaßnahmen entwickelt, die in ein übergreifendes Sponsoring-Konzept integriert und mit weiteren klassischen Maßnahmen vernetzt werden. Gelegentlich ist das Sponsoring sogar die Basis der gesamten Positionierung.[79] Die umfangreiche Ausgestaltung und Nutzung der Sponsoring-Rechte ist ferner ein Grund dafür, dass der Anteil des Sponsorings im Kommunikationsbudget stetig angestiegen ist. Laut Sponsor Visions investierte allein die deutsche Wirtschaft im Jahr 2008 4,6 Mrd. Euro in Sponsoringmaßnahmen. Zum Vergleich: 2007 lagen diese noch bei 4,0 Mrd. Euro. [80] Dazu kommt, dass sich die Sponsoren immer häufiger auf wenige bedeutsame Partner oder Schlüsselveranstaltungen konzentrieren.[81] Somit kann das Budget komplett für die Aktivierung des Sponsorships verwendet werden.

Auch DAHLHOFF erkennt „in der Anwendung des Instruments [...] eine ausgeprägte Professionalisierung".[82] Entscheidungen aus dem Bauch heraus unter Einbeziehung persönlicher Präferenzen verlieren an Bedeutung.[83] Sponsoringaktivitäten liegen einem erhöhten systematischen Planungsprozess zugrunde, der die Entscheidungsträger darin unterstützt, das Sponsoring effizient einzusetzen.[84] Darüber hinaus wird der Wirkungsleistung der Maßnahmen erhöhte Aufmerksamkeit geschenkt. Es kommt nicht mehr nur darauf an, wie oft das Logo zu sehen war, sondern welche Wirkung für die Marke erreicht wurde.[85] In diesem Zusammenhang kommen vermehrt Sponsoring-Agenturen zum Zug. Außerdem tragen Sponsoringverbände, wie z.B. FASPO, zur weiteren Professionalisierung des Instruments bei.

[79] Vgl. Farrelly, F.; Quester, P. (2005), S. 56
[80] Vgl. Sponsor Visions (2008)
[81] Vgl. Bortoluzzi Dubach, E. (2008), S. 40
[82] Dahlhoff, D. (2006), S. 6
[83] MTP (2006), S. 12
[84] Vgl. Bruhn, M. (2003), S. 357
[85] Vgl. Gerke, O., zitiert in: MTP (2006), S. 10

Aufgrund zahlreicher bekannter Sponsoringmaßnahmen, werden in Zukunft vor allem Neuartigkeit und Kreativität des Förderkonzeptes für den Erfolg entscheidend sein. Erwartungsgemäß insbesondere in diesem Bereich die Ansprüche an die Unternehmen weiter steigen. Die Förderer sollten in der Lage sein, „Nischen zu identifizieren und in der Umsetzung neue Formen zu finden, die eine mehrstufige Verwertung der Sponsoring-Rechte [zulassen].“[86] Dies gilt natürlich auch für die Gesponserten, die „verstärkt Möglichkeiten für eine optimale Einbindung der Sponsoren [schaffen müssen] und nicht nur Orte zur Platzierung des Logos [...]“[87] anbieten dürfen. D.h. es wird darum gehen, zügig neue Modelle zu initiieren, um Unternehmen gezielt ansprechen zu können.[88] In der Vergangenheit haben viele Sponsoren bemerkt, dass die Gegenleistung zur Finanzierung oft gering ausfällt. Daher werden die Imageträger in Zukunft vermehrt flankierende Maßnahmen und eigene kreative Vorschläge einbringen müssen.

[86] Vgl. Bortoluzzi Dubach, E. (2008), S. 40
[87] MTP (2006), S. 10
[88] Vgl. Bortoluzzi Dubach, E. (2008), S. 40

3. Theoretischer Vergleich kooperativer Marketinginstrumente entlang des Managementprozesses

In der Literatur wurden die beiden kooperativen Marketinginstrumente Marketingkooperation und Sponsoring bisher noch nicht verglichen. Um in dieser Arbeit einen Vergleich durchführen zu können, sollen Gemeinsamkeiten und Unterschiede auf Basis festgelegter Kriterien identifiziert werden. Zur besseren Orientierung werden die beiden Kooperationsinstrumente ausgehend von der Planung bis hin zur Durchführung im Managementprozess gegenübergestellt. Zu Beginn des Prozesses steht die Zielsetzung, die dem Handelnden einen grundsätzlichen Orientierungsrahmen vorgibt. Abgeleitet aus den Zielen wird ein Konzept erstellt, das mögliche Maßnahmen zur Umsetzung beinhaltet. Anschließend muss der geeignete Partner gefunden werden, mit dem die erdachten Ideen zu realisieren sind. Mit der Umsetzung werden die Maßnahmen in den Marketing-Mix integriert. Als Vergleichskriterien wurden daher die Phasen Zielsetzung, Konzeption, Partnerakquise und Integrationsgrad gewählt.

3.1 Zielsetzung

Unter Zielen sollen an dieser Stelle zukünftig anzustrebende Sollzustände verstanden werden, die den grundsätzlichen Orientierungs- und Handlungsrahmen darstellen.[89] Im folgenden ersten Abschnitt werden sowohl die Zielsetzungen der Unternehmen bei Marketingkooperationen und Sponsoring, als auch die Beweggründe der Partner untersucht. Im Anschluss werden in dem Vergleich Gemeinsamkeiten und Unterschiede herausgestellt.

3.1.1 Zielsetzung bei Marketingkooperationen

Unter dem Motto „gemeinsam sind wir stark“ sehen immer mehr Unternehmen in Marketingkooperationen die Chance, ihre Zielsetzungen schnell und kostengünstig zu erreichen.[90] In der aktuellen Studie[91] der Managementberatung SEMPORA Consulting und der Agentur für Marketingkooperationen ND&T ergeben sich aus den Antworten der Befragten vier wesentliche Zielsetzungen:

---

[89] Vgl. Schaper, T. (2004), zitiert in: Hermanns, A.; Marwitz, C. (2008), S. 191

[90] Vgl. Schütz, P. (2001b), S. K16

[91] Im Rahmen der Gemeinschaftsstudie wurden 108 Unternehmensvertreter aus mittelständischen- und Großunternehmen zur Bedeutung, Zielsetzung, Erfolgsfaktoren und Gründen für das Scheitern von Marketingkooperationen befragt. Die Ergebnisse der Erhebung wurden im Juni 2007 veröffentlicht.

- Stärkung der Marke und des Images
- Erschließung neuer Märkte und Zielgruppen
- Steigerung der Kundenbindung
- Reduktion der Marketingkosten

Als Erstes besteht die Möglichkeit, mithilfe von Marketingkooperationen das eigene Image und die Marke zu stärken, indem signifikante Eigenschaften des Partners über gemeinsame Kommunikationsmaßnahmen auf die eigene Marke übertragen werden.[92] Erfolgversprechend ist eine Allianz, wenn ein Partner gefunden wird, mit dem die eigenen Stärken komplettiert oder Schwächen ausglichen werden können.[93] Mit dem Imagetransfer kann folglich auch die Glaubwürdigkeit gesteigert werden.

Darüber hinaus gaben die Befragten an, dass Marketingkooperationen ein gutes Mittel zur Erschließung neuer Zielgruppen oder Märkte sind.[94] Über die Nutzung der Vertriebskanäle des Partners und der leichteren direkten Ansprache lässt sich die Bekanntheit steigern, was zur Gewinnung von Neukunden führt. Auf lange Sicht zielen diese Maßnahmen auf eine Steigerung des Umsatzes und des Gewinns.

Ein weiteres Ziel, das mit dem Eingehen von Marketingkooperationen erreicht werden kann, ist die Steigerung der Kundenbindung durch die Schaffung eines Mehrwertes für bestehende Kunden.[95] „Dieses Extra kann sowohl [...] einen praktischen Nutzen haben [...], als auch die emotionale Seite des Kunden ansprechen".[96] Der Kunde wird also bspw. durch einen finanziellen Vorteil beim Kauf eines Produktbündels überzeugt oder durch eine gemeinsame Werbung emotional angesprochen. Eine Grundvoraussetzung dafür ist, dass der Kunde diesen Mehrwert auch erkennt. Nur so wird das Produkt aufgewertet und wird vom Wettbewerb differenziert.

Ebenso verfolgen die Kooperationspartner das Ziel, durch die Bündelung von Maßnahmen und Fähigkeiten, Marketingkosten zu senken. Bei gemeinsamen Werbemaßnahmen lassen sich z.B. die Kommunikationsaufwendungen durch die Aufteilung der Kosten auf beide Partner reduzieren.[97] Vor allem im Hinblick auf begrenzte Ressourcen

---

[92] Vgl. ND&T und Sempora Management Consulting GmbH (2007)
[93] Vgl. Kotler, P. (2007), S. 117
[94] Vgl. ND&T und Sempora Management Consulting GmbH (2007)
[95] Vgl. ND&T und Sempora Management Consulting GmbH (2007)
[96] Zukunftsinstitut (2006a), S. 5
[97] Vgl. Meyer, T.; Schade, M. (2007), S. 20

erscheint die Ausschöpfung von Synergieeffekten durch „cost-sharing"[98] besonders vorteilhaft.[99]

Die Besonderheit bei den aufgeführten Zielsetzungen ist, dass diese innerhalb der Kooperation nicht nur einseitig von einem Partner, sondern von beiden Unternehmen verfolgt werden können. D.h. dass jedes Unternehmen seine Marketingziele erreichen kann, auch wenn diese in der Regel unterschiedlich sind. So wünscht sich das initiierende Unternehmen A einerseits vielleicht einen Zugang zu einer neuen Zielgruppe, wo das Unternehmen B seinen Kunden andererseits einen Produktmehrwert schaffen will. Die entwickelten Maßnahmen können also die wechselseitigen Zielsetzungen beider Partner erfüllen.

Abbildung 7 – Auswahl möglicher Zielsetzungen der Unternehmen bei Marketingkooperationen

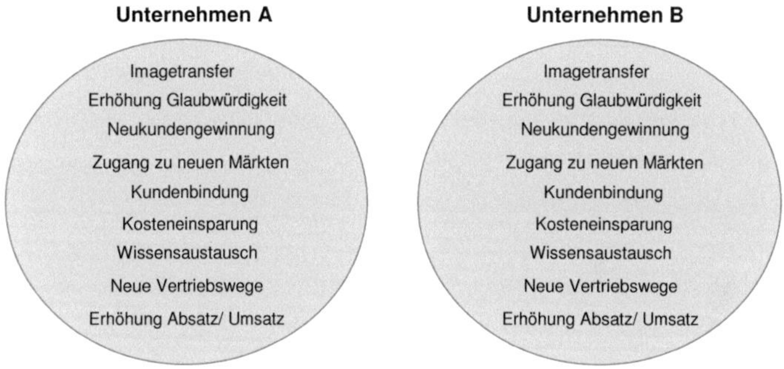

3.1.2 Zielsetzung beim Sponsoring

Die in der Literatur aufgeführten wesentlichen Unternehmenszielsetzungen des Sponsorings sind:

- Transfer eines spezifischen Images
- Produktdemonstration
- Steigerung des Bekanntheitsgrades
- Kontaktpflege zu Kunden und Motivation der Mitarbeiter

[98] Deutsche Übersetzung: Kostenbeteiligung
[99] Vgl. Vilmar, A. (2006), S. 12

Nach WALLISER besteht ein Kernziel der Unternehmen, die Sponsoring durchführen, in der Verbesserung von Meinungen und Einstellungen auf Basis eines Imagetransfers.[100] Durch einen gemeinsamen Auftritt mit dem Partner wollen die Sponsoren ihre gesellschaftliche Verantwortung und soziale Einstellung öffentlichkeitswirksam hervorheben. So sollen positive Assoziationen von der Leistung, Eigenschaften oder Atmosphäre im Umfeld des Gesponserten auf den Sponsor übertragen werden.[101]

Wenn das Produkt gleichzeitig in einem Zusammenhang mit der gesponserten Aktivität steht, können dem Konsumenten Leistungsmerkmale wie Qualität, Eigenschaften und Einsatzgebiete in Verbindung mit dem Geförderten direkt vermittelt werden. Die Unternehmen können die Eigenschaften ihres Produkts demonstrieren.[102] Gleichzeitig kann damit die Glaubwürdigkeit erhöht werden. Das belegt das Beispiel der Heizungstechnik-Firma Viessmann, die sich in den Wintersportarten Rennrodeln, Skispringen, Skilanglauf und Biathlon engagiert.[103] Die hohe Glaubwürdigkeit dieser Partnerschaft erwächst aus der hohen Affinität zwischen dem Produkt Heizung und der gesponserten Sportarten, die in der Jahreszeit betrieben werden, in der auch die Heizungen gebraucht werden.

Ein weiteres wesentliches Ziel des Sponsorings besteht in der Erhöhung des Bekanntheitsgrades.[104] Im Blick auf die sehr hohen medialen Reichweiten bei beliebten Veranstaltungen eignen sich viele Sponsoring-Engagements dazu, die Präsenz in den Medien zu erhöhen und damit den Bekanntheitsgrad in der gewünschten Zielgruppe zu steigern.[105] Bei der Einführung neuer Marken bzw. Produkt-Relaunches kann auf diesem Weg die Markenbekanntheit aufgebaut werden.[106] Eine gesteigerte Sympathie mit dem Sponsor entsteht nicht nur bei den bestehenden Kunden und leistet einen Beitrag zur Kundenbindung[107], sondern erreicht auch neue Kunden, nämlich die Zielgruppe des Gesponserten.

In den vergangen Jahren hat sich das Sponsoring darüber hinaus als Instrument zur Kontaktpflege mit wichtigen Personengruppen wie Schlüsselkunden, Händler, Lieferanten

[100] Vgl. Walliser, B. (1995), S. 39
[101] Vgl. Hermanns, A.; Püttmann, M. (1992), zitiert in: Hermanns, A.; Marwitz, C. (2008), S. 194
[102] Vgl. Walliser, B. (1995), S. 39
[103] Vgl. Viessmann (o.D.)
[104] Vgl. Hermanns, A.; Marwitz, C. (2008), S. 193
[105] Vgl. Hermanns, A.; Marwitz, C. (2008), S. 193; auch: vgl. Bortoluzzi Dubach, E.; Frey, H. (2007), S. 123
[106] Vgl. Reichstein, B. (2006), S. 10
[107] Vgl. Bruhn, M. (2003), S. 40

und Medienvertretern etabliert.[108] Diese so genannten Hospitality-Maßnahmen[109] beinhalten bspw. die Vergabe von Einladungen zum Besuch gesponserter Veranstaltungen. Einerseits besteht so die Möglichkeit, Goodwill zum Unternehmen zu erzeugen und andererseits können intensive Verkaufsgespräche in angenehmer Atmosphäre geführt werden.[110] Somit können also auch im B2B-Bereich bestehende Kontakte gepflegt, und neue Kunden akquiriert werden. Zusätzlich eignet sich das Instrument besonders gut dazu, die Motivation der Mitarbeiter zu steigern.[111] Die Einbeziehung der Kollegen in bestimmte Sponsoringaktivitäten, sowie die Einladung und Betreuung der Mitarbeiter auf einer gesponserten Veranstaltung, können nachhaltig zur Identifikation mit dem eigenen Unternehmen oder deren Produkten beitragen.[112] Oft werden diese Einladungen auch als Anreiz gegenüber dem eigenen Vertrieb eingesetzt.

Indirekt liegen alle bisher aufgeführten Ziele dem Wunsch nach einer Absatz- und Umsatzsteigerung zugrunde.[113] Mittel- bis langfristig werden ökonomische Zielsetzungen angestrebt, die zumindest mittelbar einen Beitrag zu diesen Oberzielen leisten sollen. Als Voraussetzung dafür sind insbesondere die übergeordneten Ziele Kundenbindung und Kontaktpflege von Bedeutung.[114]

Aus Sicht des Sponsoring-Nehmers ist das Sponsoring in erster Linie ein Finanzierungsinstrument, mit dem er einen monetären Beitrag zur Realisierung seines Projektes leisten kann. Des Weiteren gehören Sachleistungen und Erkenntnisgewinne zu den Motiven der Gesponserten.[115] Ein gesteigertes Know-how spiegelt sich auch darin wieder, dass Prozesse strukturierter ablaufen und Maßnahmen professionalisiert entwickelt werden. Zusätzlich kann durch die gezielte Öffentlichkeitsarbeit des Partners die Aufmerksamkeit für die Veranstaltung maßgeblich erhöht werden.[116] Eine gesteigerte Bekanntheit kann ferner das Ansehen und die Attraktivität bei weiteren Sponsoren steigern.[117] Ebenso kann ein Verein oder eine Organisation über die Partnerschaft neue Mitglieder gewinnen.

---

[108] Vgl. Hermanns, A.; Marwitz, C. (2008), S. 194; auch: vgl. Bruhn, M. (2003), S. 65
[109] Deutsche Übersetzung: Gastfreundschaft, Bewirtung
[110] Vgl. Bruhn, M. (2003), S. 110 f.
[111] Vgl. Walliser, B. (1995), S. 40
[112] Vgl. Hermanns, A.; Marwitz, C. (2008), S. 194
[113] Vgl. Walliser, B. (1995), S. 42
[114] Vgl. Bruhn, M. (2003), S. 68
[115] Vgl. Bruhn, M. (2003), S. 5; auch: vgl. Bortoluzzi Dubach, E.; Frey, H. (2007), S. 21
[116] Vgl. Reif, C.; Dietrich, N. (2008), S. 8
[117] Vgl. Adjouri, N.; Stastny, P. (2006), S. 23

Abbildung 8 – Auswahl möglicher Zielsetzungen der Partner beim Sponsoring

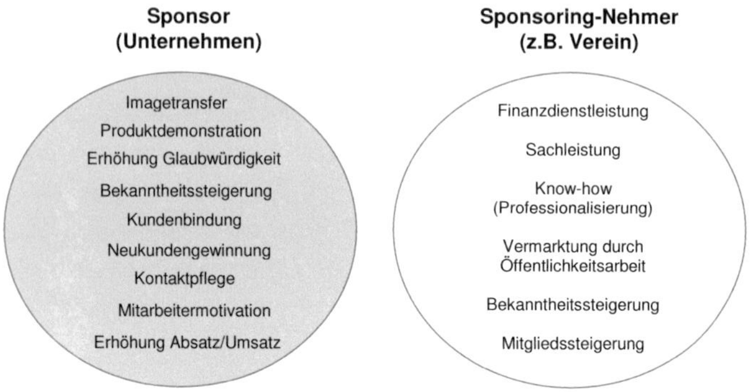

3.1.3 Vergleich der Zielsetzungen

Vergleicht man die Zielsetzungen der Unternehmen, die Marketingkooperationen oder Sponsoringpartnerschaften eingehen, wird deutlich, dass es eine Vielzahl gemeinsamer Motive gibt. Auf beiden Seiten gehört der Aspekt, das Image der Marke aufzubauen bzw. zu stärken, zu den Kernzielsetzungen. Dazu kommt, dass sich bei einer Kooperation mit einem Imageträger die Glaubwürdigkeit erheblich steigern lässt. Außerdem kann durch den Einsatz beider Instrumente der Bekanntheitsgrad in der Zielgruppe des Partners erhöht werden, wodurch auch neue Kunden akquiriert werden können. Für die Sponsoren bedeutet das, dass bspw. Fans oder Konzertbesucher einer gesponserten Veranstaltung auf das Produkt aufmerksam werden und nach dem ersten sympathischen Eindruck auch eine Kaufabsicht empfinden und zu Neukunden werden. Aber auch für bestehende Kunden können Mehrwerte realisiert werden. Während die Kunden bei Marketingkooperationen durch Zusatzangebote des Partners gebunden werden, kann der Sponsor bei seinen Vertriebskunden durch Einladungen zu gesponserten Events Goodwill erzeugen. Es steht außer Frage, dass ein weiteres gemeinsames Motiv die Steigerung der Umsatz- oder Abverkaufszahlen betrifft. Letztlich ist es Voraussetzung für den Erfolg und das Fortbestehen eines jeden Unternehmens.

Ein erster greifbarer Unterschied innerhalb dieser Dimension wird bei dem Blick auf die vertrieblichen Zielsetzung sichtbar. Schließlich sollen über Marketingkooperationen häufig auch neue Vertriebswege erschlossen werden. In der Literatur wird dieses Ziel bei Unternehmen, die Sponsoring betreiben, nicht erwähnt. Ebenso ist das Ziel des Zugangs zu neuen Märkten durch den Gesponserten nicht aufgeführt. Eine weitere Abweichung wird in dem Punkt der Reduzierung von Marketingkosten deutlich. Fakt ist, dass vor dem Eingehen einer Sponsoringpartnerschaft zunächst Marketingkosten aufgewendet werden müssen, anstatt diese einzusparen. Dem ist jedoch hinzuzufügen, dass es auch Marketingkooperationen gibt, bei denen zu Beginn der Partnerschaft Gelder gezahlt werden, oder bei denen der Partner erfolgsorientiert vergütet wird.[118]

Auf der Seite des Sponsorings kommt hinzu, dass im Gegensatz zu Marketingkooperationen mithilfe des gemeinsamen Auftritts mit dem Partner neue Leistungsmöglichkeiten und Kenntnisse über das Anwendungsgebiet des Produkts aufgezeigt werden sollen. Außerdem scheint das Ziel, die Mitarbeitermotivation durch Marketingkooperationen zu steigern, nicht im Vordergrund zu stehen. Fasst man die Gemeinsamkeiten und Unterschiede beider Unternehmenszielsetzungen zusammen, ergibt sich folgende Darstellung:

Abbildung 9 - Vergleich der Zielsetzungen der Unternehmen

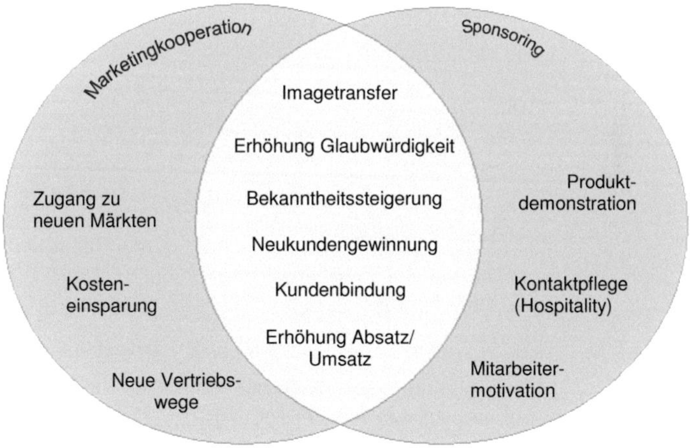

[118] Vgl. Kapitel 2.2.1 dieser Arbeit

3.2 Konzeption

Kooperationen werden auf Basis eines Konzeptes durchgeführt. In dieser Dimension werden die Herangehensweisen beider Instrumente betrachtet. Als umfassender, gedanklicher Entwurf orientiert sich das Konzept an den angestrebten Zielen und beinhaltet für ihre Realisierung geeignete Strategien und adäquate Marketinginstrumente.[119] Um den Partner von seiner Idee zu überzeugen, müssen die Initiatoren einer Kooperation ein Konzept entwickeln.

3.2.1 Konzeption von Marketingkooperationen

Nach der Identifikation von Marketingkooperationen als erfolgsversprechende Option zur Erreichung der Ziele ist der nächste Schritt keineswegs die Suche nach dem passenden Partner.[120] An dieser Stelle soll auch noch kein detailliertes Cross-Marketing-Konzept erstellt werden.

Vor dem Eingehen einer Marketingkooperation sollten folgende Punkte bedacht werden:

- Entscheidung über Zuhilfenahme eines externen Dienstleiters
- Herausarbeitung von Vorteilen für den Partner
- Brainstorming zur Identifizierung möglicher Maßnahmen

Es ist allerdings sinnvoll, für erste Gespräche mit dem Partner Ideen vorbereitet zu haben. Hierbei sind externe Dienstleister hilfreich, die ihr Spezialwissen zu Marktforschung, Werbung, Verkaufsförderung, Packungsentwicklung und Öffentlichkeitsarbeit in die Marketingkonzeption einfließen lassen. [121]

Um später einen Partner für sich gewinnen zu können, sollte sich das Unternehmen darüber bewusst sein, was es seinem Gegenüber selbst bieten kann. Da Marketingkooperationen auf dem Prinzip des Gebens und Nehmens basieren, sollte sich das initiierende Unternehmen zu Beginn in die Lage des potenziellen Partners versetzen.[122] Es muss Klarheit herrschen über den USP[123] und die Stärke der eigenen Marke. Nur so kann der Partner möglicherweise mit relevanten Vorteilen wie Imageeigenschaften, Zielgruppen oder Vertriebswegen überzeugt werden. HERMES ist sich sicher, dass die Unternehmen,

[119] Vgl. Becker, J. (1998), S. 5
[120] Vgl. Schütz, P. (2001a), S. K5
[121] Vgl. o.V. (1985), S. 44
[122] Vgl. Hermes, V. (2007a), S. 13 ff.
[123] Deutsche Übersetzung: Alleinstellungsmerkmal

die eine Kooperation nur aus der eigenen Perspektive betrachten und sich einseitige Vorteile versprechen, scheitern werden.[124]

Nach der genauen Definition der Ziele werden in einem ersten Brainstorming Ideen für Maßnahmen gesammelt, mit denen diese Ziele zu erreichen wären.[125] Grundsätzlich sollte hier auch eine Entscheidung über die Form der Marketingkooperation getroffen werden.[126] Gleichzeitig muss geprüft werden, ob diese Ideen auch realisierbar sind, insbesondere hinsichtlich des zur Verfügung stehenden Budgets. Damit ergeben sich auch die ersten Ideen für mögliche Partner. Auf die Frage, wie man daraus den geeigneten Partner findet, soll in dem nächsten Kapitel genauer eingegangen werden. Gemeinsam mit dem Partner wird das Kooperationskonzept später weiter ausgestaltet und spezifiziert. Damit die Partner ihre jeweiligen Zielsetzungen auch erreichen, müssen sich beide Unternehmen in diesen Gestaltungsprozess sehr stark einbringen.[127]

Abbildung 10 - Konzeption bei Marketingkooperationen

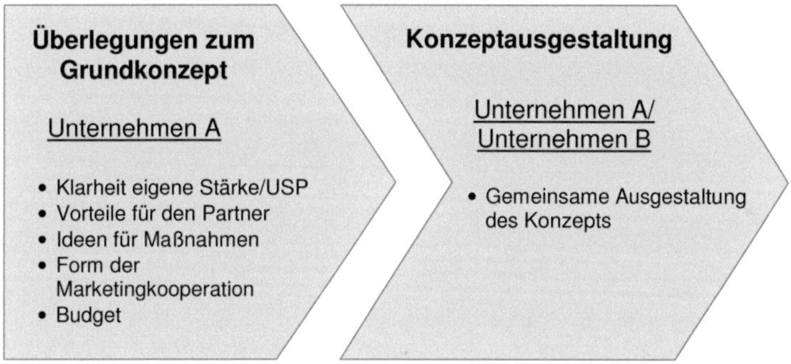

3.2.2 Konzeption beim Sponsoring

Bei der Konzeption von Sponsoringmaßnahmen gibt es grundsätzlich zwei Ansätze. BRUHN unterscheidet zwischen dem fremd- und dem eigeninitiierten Sponsoring.[128] Während das fremdinitiierte Sponsoring seinen Ursprung in Angeboten von Organisationen oder Verbänden hat, bezieht sich das eigeninitiierte Sponsoring auf die Verwirk-

[124] Vgl. Hermes, V. (2007a), S. 13
[125] Vgl. Meyer, T.; Schade, M. (2007), S. 64
[126] Vgl. Kapitel 2.2.1 dieser Arbeit
[127] Vgl. Hughes, J.; Weiss, J. (2007), S. 123
[128] Vgl. Bruhn, M. (2003), S. 18

lichung eigener Projekte und Ideen. Da die Mehrzahl der Sponsorships immer noch zustande kommt, indem die Anbieter, also Veranstalter, Verbände, Organisationen oder Vereine[129] mit einem mehr oder weniger detaillierten Konzept an die Unternehmen herantreten[130], soll in dieser Arbeit der fremdinitiierte Ansatz näher betrachtet werden.

Bei der Konzeption sind seitens der Sponsoring-Anbieter folgende Punkte zu beachten:

- Entscheidung über Zuhilfenahme einer Vermarktungsagentur
- Entwicklung von Maßnahmenpaketen (Full-, Haupt-, Co-Sponsorship)
- Identifikation der richtigen Ansprechpartner
- Versand der Angebote an potentielle Sponsoren (Unternehmen)

Da die Kernkompetenz der Sponsoring-Anbieter nicht in der Konzeptgestaltung und der oft langwierigen Partnersuche liegt, haben sich externe Dienstleister auf diese Aufgabe spezialisiert. Als Agentur übernehmen sie die Vermarktung der Rechte für die Vereine oder Organisationen. Für diesen Vorteil der unmittelbaren Vermittlung eines unterstützenden Unternehmens, verzichten die Vereine oder Organisationen auf zusätzliche Erträge, die sie an den Dienstleister übergeben müssen. So kommt es, dass sowohl Sponsoren, als auch Vermarktungsagenturen, die nachfolgend als Sponsoring-Anbieter bezeichnet werden, den Unternehmen häufig Maßnahmenpakete anbieten. Diese beinhalten standardmäßige Integrationsmöglichkeiten, die je nach Umfang in Full-, Haupt- oder Co-Sponsorships unterteilt sind.[131] Der Umfang des Paketes ist dabei maßgeblich abhängig von dem bereitgestellten Sponsoren-Budget. Um den Sponsoren einen klaren Nutzen für das Unternehmen oder das Produkt aufzeigen zu können, sollten sich die Sponsoring-Anbieter mit den eigenen Stärken auseinandersetzen.[132] Außerdem sollten sie sich im Vorfeld in die Situation des Sponsors hineindenken.[133] So könnte ein Angebot bspw. lauten, dem Unternehmen durch einen gemeinsamen Auftritt zu einem gewünschten Image in der Zielgruppe zu verhelfen.[134] Je attraktiver das Angebot für das Unternehmen ist, umso höher ist auch die Erfolgswahrscheinlichkeit, dieses als Sponsor für sich zu gewinnen.[135]

[129] Vgl. FASPO (1997), S. 13
[130] Vgl. Reichstein, B. (2006), S. 8
[131] Vgl. Hermanns, A.; Marwitz, C. (2008), S. 212
[132] Vgl. Brockes, H.W. (2002), S. 52
[133] Vgl. Bortoluzzi Dubach, R.; Frey, H. (2007), S. 27
[134] Vgl. Hermanns, A.; Marwitz, C. (2008), S. 202
[135] Vgl. Brockes, H.W. (2002), S. 50

Letztendlich müssen die Unternehmen allerdings selbst im Stande sein, den standardisierten Ansatz für sich zu verwerten. „Nachhaltige Wirkung entsteht erst, wenn Unternehmen das Thema aufgreifen und selbst entwickeln.“[136] Mit vorgefertigten Maßnahmen bleibt ihnen in der Regel kein großer Gestaltungsspielraum. Daher steckt für die Unternehmen ein immer größeres Potenzial in der Entwicklung eigener Ideenentwürfe. Nach FALK lässt sich mit selbst entwickelten Konzepten auch eine stärkere öffentliche Wahrnehmung und Akzeptanz erzielen.[137] Die Studie Sponsoring Trends 2000 bestätigt die zunehmende Relevanz von eigeninitiierten Sponsoring.[138] Das heißt also, dass die Sponsoren immer häufiger selbst an die Verbände herantreten oder eigene Wettbewerbe und Veranstaltungen initiieren, bei denen sie namentlich als Förderer auftreten.

Abbildung 11 - Konzeption eines fremdinitiierten Sponsorings

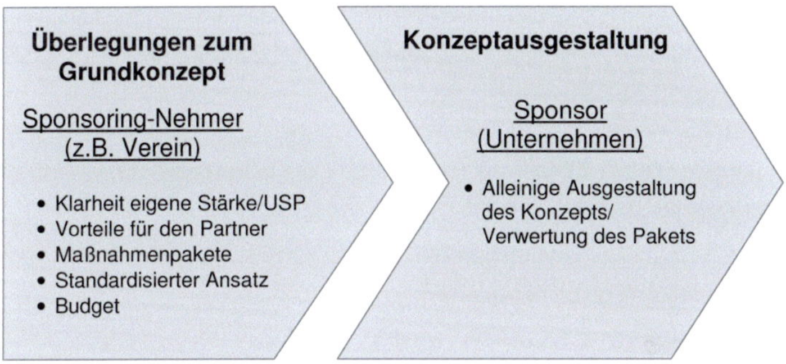

3.2.3 Vergleich der Konzeption

In dieser Vergleichsdimension wird deutlich, dass nicht nur das Sponsoring, sondern auch Marketingkooperationen auf dem Prinzip der Gegenseitigkeit beruhen. Um den Partner von seiner Idee zu überzeugen, müssen sich die Initiatoren der Kooperation anfangs mit den eigenen Stärken auseinandersetzen, um einen Vorteil für den Partner zu bestimmen. „Der Erfolg hängt [...] davon ab, was die jeweiligen Partner bereit und in der Lage sind, in die Waagschale der Kooperation zu legen.“[139] In einem ersten Brainstorming werden beim Cross-Marketing anschließend Ideen für mögliche Maßnahmen gesammelt. In Abstufung des Förderungsumfanges bieten sie den potenziellen Sponsoren Maßnahmenpakete. Mit

---

136 Roth, U., zitiert in: Bücker, M. (2009), S. 53
137 Vgl. Falt, T. (2003), S. 16
138 Vgl. Sponsoring Trends (2000)
139 Hermes, V. (2007b), S. 20

diesem ersten Ideenentwurf treten die Initiatoren an die potenziellen Partner heran. Auf beiden Seiten können diese nur im Blick auf das zur Verfügung stehende Budget realisiert werden.

Ein wesentlicher Unterschied liegt schließlich in der späteren Konzeptausgestaltung. Während bei Marketingkooperationen beide Unternehmen maßgeblich an der Gestaltung des Konzeptes beteiligt sind, müssen die Unternehmen, die eine Sponsoring-Partnerschaft eingehen, selbst überlegen, wie sie die Nutzungsrechte in ihren Marketing-Mix verwerten können. Die Sponsoring-Anbieter liefern hierzu nur einen vorgefertigten Ansatz.

3.3 Partnerakquise

Die Wahl des richtigen Partners stellt den Schlüssel des Erfolgs jeglicher Kooperation dar.[140] Daher soll im folgenden Abschnitt darauf eingegangen werden, wie der geeignete Kooperationspartner akquiriert werden kann.

3.3.1 Partnerakquise bei Marketingkooperationen

Um den passenden Partner zu finden sollten die initiierenden Unternehmen folgende Schritte durchlaufen:

- Erstellung einer Ausschlussliste
- Durchführung von Fit-Analysen
- Herausfilterung geeigneter Partner
- Durchführung von Vorgesprächen mit Entscheidungsträgern

Zu Beginn der Partnerakquise sollte eine Ausschlussliste Auskunft darüber geben, mit welchem Unternehmen eine Zusammenarbeit unter keinen Umständen stattfinden soll. Darunter fallen z.B. Unternehmen, die einer Branche zugehören, die keine Affinität mit dem eigenen Produkt aufweist. In bestimmten Fällen können sogar ganze Branchen ausgeschlossen werden.[141] So sollte ein Gesundheitsprodukt bspw. nicht mit einem Hersteller von Zigaretten oder alkoholischen Getränken kooperieren, da negative Abstrahleffekte die eigene Marke schwächen könnten. In einigen Fällen ist auch eine Vernachlässigung der Unternehmen notwendig, mit denen im Rahmen einer Kooperation bereits schlechte Erfahrungen gemacht wurden. Außerdem sind Partnerschaften mit der Konkurrenz oder deren ehemaligen Kooperationspartnern nicht immer zweckmäßig, da sich dies negativ

[140] Vgl. Meyer, T.; Schade, M. (2007), S. 65
[141] Vgl. Meyer, T.; Schade, M. (2007), S. 65 f.

auf die Glaubwürdigkeit auswirken kann.[142] Mit dem Ausschluss einiger Partner soll das Kooperationsrisiko minimiert werden.

Wichtig ist, dass die beiden Unternehmen grundsätzlich zueinander passen. Durch eine systematische Fit-Analyse lässt sich herausstellen, welcher Partner sich am besten für die geplante Kooperation eignet:

> Hat der Partner einen Zugang zu der relevanten Kundengruppe?
> Bietet der Partner relevante Mehrwerte für bestehende Kunden?
> Lassen sich die Marken durch ein gemeinsames Thema verbinden?
> Bietet der Partner die notwendigen Merkmale, die für einen Imagetransfer auf die eigene Marke interessant sind?
> Eröffnen sich durch den Partner neue, relevante Kommunikations- und/oder Vertriebswege?
> Stimmt die persönliche Chemie zwischen den Unternehmen?

Je nachdem, welche Zielsetzungen das Unternehmen verfolgt, können in der Fit-Analyse unterschiedliche Schwerpunkte gesetzt werden. Ist es das Ziel z.B. das Image der eigenen Marke zu stärken, so sollte der Partner in dieser Dimension über relevante Merkmale verfügen. Verfolgt das Unternehmen dagegen vertriebliche Zielsetzungen sollte der Partner über bisher nicht genutzte Vertriebswege zugänglich machen. Letztendlich ist ein möglichst hoher Erfüllungsgrad des Partnerprofils bezüglich der eigenen Ziele ein wesentlicher Faktor zur Gewährleistung einer dauerhaften und erfolgversprechenden Zusammenarbeit.[143] Die Kooperationserfahrung des Partners kann sich darüber hinaus ebenso positiv auf die Partnerschaft auswirken.[144] Auf Basis der Fit-Analyse und der Filterung geeigneter Unternehmen kommen die Partner in die engere Wahl, die sich für eine Kooperation scheinbar am besten eignen.

Zu diesen Unternehmen müssen die richtigen Ansprechpartner ermittelt werden, mit denen Kontakte herzustellen und Vorgespräche zu führen sind. Als Grundlage des ersten Treffens sollte das Kooperationskonzept dienen, das die Idee veranschaulicht und Erfolgschancen für den potenziellen Partner klar herausstellt.[145]Schlussendlich kann eine

[142] Meyer, T.; Schade, M. (2007), S. 65 f.
[143] Vgl. Schwamborn, S. (1994), S. 150 f.
[144] Vgl. Meyer, T.; Schade, M. (2007), S. 72
[145] Vgl. Huber, A.; Thun, S. (2007), S. 46

Marketingkooperation nur funktionieren, wenn ein beiderseitiges Interesse und der Wille zur Kooperation vorhanden sind. Erst dann kann die Kooperationsidee anschließend gemeinsam weiter spezifiziert und ausgestaltet werden.

Abbildung 12 - Bewertung eines Partners bei Marketingkooperationen

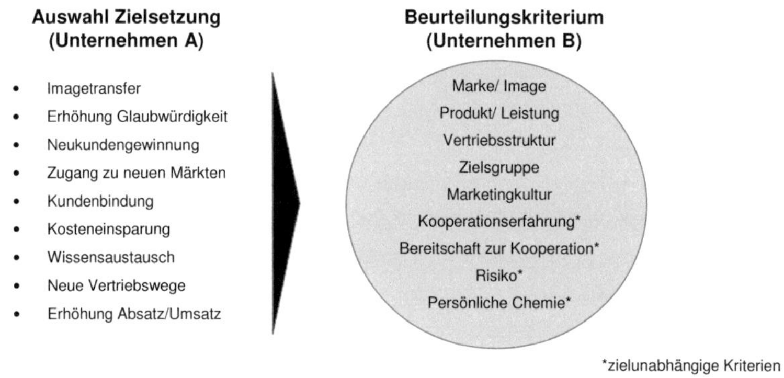

3.3.2 Partnerakquise beim Sponsoring

Wie bereits bei der Vergleichsdimension Konzeption deutlich wurde, gibt es beim Sponsoring grundsätzlich zwei mögliche Ansätze. Da Sponsoren eine Vielzahl an Offerten erhalten, können sie einen „eigene[n] Auswahlprozess von mehreren Angeboten potenzieller Gesponserter“[146] durchführen. Bei der Verwirklichung individueller Ideen oder Projekten können sie diese jedoch auch selbst suchen.

Um eine Auswahl der potenziellen Partner treffen zu können, sollten nach FUCHS und UNGER in einem ersten Schritt folgende Affinitäten zwischen dem Sponsor und dem Anbieter geprüft werden:

- Produktaffinität: Zusammenhang zwischen Unternehmensangebot und dem gesponsertem Bereich
- Imageaffinität: Angestrebtes oder reales Image des Sponsors sollte dem Image des Gesponserten möglichst ähnlich sein

[146] Hermanns, A.; Marwitz, C. (2008), S. 211

- Zielgruppenaffinität: Überlappung der bestehenden (bzw. angestrebten) Zielgruppe des Sponsors mit den Zielgruppen des Sponsoring-Nehmers[147]

Damit lassen sich die ersten fremdinitiierte Angebote bereits ausschließen. Seitens der Unternehmen, die ein Sponsorship initiieren, werden diejenigen Partner als relevant betrachtet, die diesen Affinitäten entsprechen. Für die konkrete Feinauswahl der verbleibenden Alternativen erfolgt im nächsten Schritt ein Vergleich der alternativen Angebote anhand von definierten Entscheidungskriterien.[148] HERMANNS und MARWITZ erachten folgende Kriterien als besonders wichtig für die Beurteilung:[149]

- Allgemeine Merkmale und Eigenschaften
- Bekanntheitsgrad
- Mediale Reichweite
- Umfang des Sponsorships (Full-, Haupt- oder Co-Sponsor)
- Sponsoringerfahrung
- Risiko
- Kooperationsbereitschaft

Auf Basis der zuvor festgelegten relevanten Ziele werden hierbei die entsprechenden Entscheidungskriterien mit Gewichtungsfaktoren belegt. Somit können die Sponsoring-Alternativen objektiv bewertet werden. Um zu sehen, ob eine gemeinsame Linie gefunden werden kann, werden nach der Feinauswahl in einer ersten Anbahnung Vorgespräche geführt. Bei einem positiven Verlauf können die nächsten Schritte konsequent angegangen werden.[150] „Im Sponsoring-Vertrag werden der konkrete Gegenstand und der detaillierte Inhalt der Zusammenarbeit zwischen Sponsor und Gesponsertem definiert und die beiderseitigen Rechte und Pflichten festgehalten."[151]

---

[147] Vgl. Fuchs, W.; Unger, F. (2005), S. 304
[148] Vgl. Bruhn, M. (2003), S. 87
[149] Vgl. Hermanns, A.; Marwitz, C. (2008), S. 212 f.
[150] Vgl. Adjouri, N.; Stastny, P. (2006), S. 236
[151] Hermanns, A.; Marwitz, C. (2008), S. 215

Abbildung 13 - Bewertungskriterien aus Unternehmenssicht beim Sponsoring

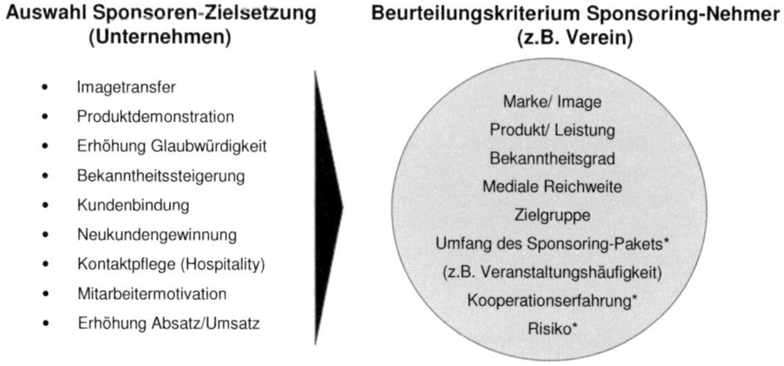

*zielunabhängige Kriterien

3.3.3 Vergleich der Partnerakquise

Für die Unternehmen besteht auf beiden Seiten die Schwierigkeit, den geeigneten Partner aus der Vielzahl der möglichen Alternativen herauszufiltern. Dazu findet eine objektive Bewertung der Partner anhand von Entscheidungskriterien statt. Diese Kriterien sind jeweils abhängig von den zu Beginn festgelegten Zielen. Daher liegt der Schwerpunkt der Fit-Analyse auf den entsprechenden Zielsetzungen.

Beidseitig wird dem Fit der Zielgruppen, des Produkts und des Images eine hohe Bedeutung beigemessen. Außerdem spielen das mit der Kooperation verbundene Risiko, wie z.B. negative Abstrahleffekte oder die Erfahrung, eine Rolle bei den Auswahlprozessen. Im Zuge der fortschreitenden Professionalisierung haben sich nicht nur immer mehr Agenturen auf Kooperationen spezialisiert, auch die Partner selbst haben an Erfahrung gewonnen. Der Vorteil dabei ist, dass ein erfahrener Kooperationspartner bereits über das notwendige Know-how verfügt und die Wahrscheinlichkeit für einen reibungslosen Ablauf größer ist. Es steht außer Frage, dass eine Grundvoraussetzung für das Zustandekommen der Kooperation in der Bereitschaft beider Partner liegt. Im Falle zugesandter Sponsoringangebote ist dieses Kriterium bereits erfüllt. Auf der Suche nach Marketingkooperationspartnern und Partnern für eigeninitiierte Sponsoring-Events müssen diese grundsätzlichen Fragen in Vorgesprächen geprüft werden.

Bei der Betrachtung der Bewertungskriterien werden aber auch Unterschiede deutlich. Für Unternehmen, die Marketingkooperationen eingehen, spielt bei der Suche nach einem geeigneten Partner, auch die persönliche Chemie und die Marketingkultur des potenziellen Partners eine Rolle. Schließlich erfordern die Zusammenarbeit und die spätere Ausgestaltung des Konzepts zahlreiche Gespräche und Abstimmungen. In der täglichen Zusammenarbeit ist daher wichtig, dass sich die Partner auch persönlich arrangieren. Da zukünftige Sponsoren die Maßnahmen jedoch häufig allein, ohne den Sponsoring-Anbieter, ausgestalten, wird dieses Kriterium in der Theorie nicht aufgeführt.

Das Kriterium Vertriebsstruktur kann für die Auswahl eines Marketingkooperationspartners entscheidend sein, da über diesen Weg möglicherweise neue Kunden angesprochen werden können. Gemäß der Theorie findet dieses Kriterium bei Sponsoren keine Beachtung. Dagegen ist für Sponsoren auch der Bekanntheitsgrad des Imageträgers von Bedeutung, da bei hoher Bekanntheit meist auch eine hohe mediale Reichweite möglich ist. Für zukünftige Sponsoren ist demnach auch der Umfang des Sponsorships wichtig.

Obwohl die Initiative beim Sponsoring überwiegend von den Sponsoring-Anbietern ausgeht, die an die Unternehmen herantreten, stehen die Verantwortlichen in den Unternehmen letztlich in beiden Fällen vor der Herausforderung, die bestehenden Alternativangebote zu bewerten. Das heißt, dass auf beiden Seiten eine Entscheidung darüber getroffen werden muss, welcher Partner oder welches Angebot am besten zum Unternehmen und den Produkten passt. Demzufolge werden Sie mit den gleichen Fragestellungen konfrontiert.

Bei genauerer Betrachtung der Beurteilungskriterien der Unternehmen ergeben sich zahlreiche Überschneidungen:

Abbildung 14 - Vergleich der Bewertungskriterien

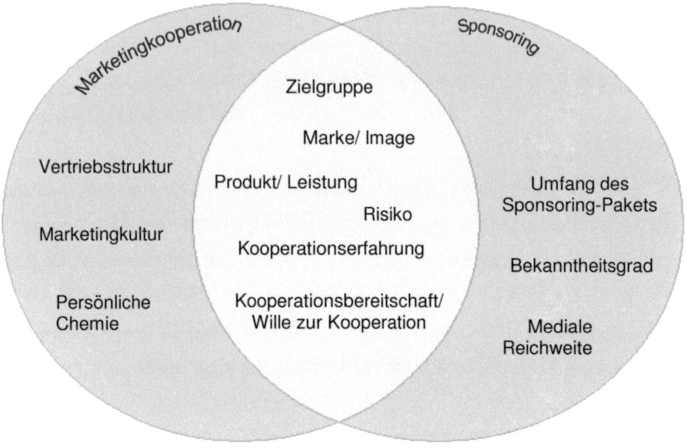

3.4 Integrationsgrad

„Die optimale Planung des Marketing-Mixes stellt ein klassisches Problem des Marketing dar."[152] In der Unternehmenspraxis finden sich zahlreiche Kooperationsbeispiele, die aufgrund ihrer unterschiedlichen Zielsetzungen auch vielfältige Maßnahmen hervorbringen. Wie eingangs beschrieben, lassen sich Marketingkooperationen nicht einem einzelnen Marketing-Mix-Faktor zuordnen. Als Instrument des Kommunikations-Mixes wird das Sponsoring dagegen einem Bereich zugeordnet. Nachfolgend sollen die unterschiedlichen Schwerpunkte der Marketinginstrumente entlang des Marketing-Mixes strukturiert werden.

3.4.1 Marketingkooperation im Marketing-Mix

Der Blick auf die untersuchten Erscheinungsformen und der Erkenntnis der Breite der unterschiedlichen Kooperationsformen zeigt, dass Marketingkooperationen in allen Bereichen des Marketing-Mixes integriert werden können. „Folglich liegt der Fokus nicht nur einseitig auf Produkt-Innovationen, sondern auf kundenzentrierten Innovationen im gesamten Marketing-Mix."[153] Anhand von Beispielen soll nachfolgend herausgestellt

[152] Baumgarth, C. (2001), S. 187
[153] Kreutzer, R.T. ; Merkle, W. (2008), S. 118

werden, dass es sowohl Produktkooperationen gibt, als auch Partnerschaften die den Fokus auf den Bereich Kommunikation, Preis oder Vertrieb legen.[154]

Kommunikationspolitik

Gemeinsame Kommunikationsmaßnahmen haben den Vorteil, dass zum einen Werbekosten geteilt werden können und zum anderen besondere Werbebotschaften hervorgebracht werden können.[155] In der Regel sollen Verbundkommunikationen bei den Verbrauchern „wertsteigernde Assoziationen“[156] erzeugen. Denkbare Ansätze hierfür sind die unter Kapitel 2.2.1 behandelten Erscheinungsformen Co-Promotion und Co-Advertising. Ein Beispiel für eine gemeinsame Verkaufsförderungsaktion ist die Partnerschaft zwischen WMF und Apollinaris. Über eine etikettenbasierte Sammelmechanik konnten die Verbraucher im Jahr 2007 für 60 ersammelte Apollinaris-Etiketten ein Latte Macchiato Glas in den WMF-Filialen eintauschen. [157] Die Treuaktion wurde mit gemeinsamen Handzettelanzeigen und durch aufmerksamkeitsstarke Zweitplatzierungen im Lebensmitteleinzelhandel sowie im Getränkefachgroßhandel unterstützt. Die Verbindung des Kaffeethemas mit Wasser, was im Blick auf die Verzehrsituation sehr gut harmoniert, hatte die Aktion nicht nur positive Auswirkungen auf die Abverkaufszahlen der Wasser-Marke, sondern auch auf die WMF-Filialen, die aufgrund der Einlösetätigkeiten einen erhöhten Kundenstrom verzeichnen konnten.

Produktpolitik

In dem Bereich der Produktpolitik können durch Marketingkooperationen neue Nutzenkomponenten und Services hervorgebracht werden.[158] Aufgrund der Zusammenwirkung mehrerer Marken auf horizontaler oder vertikaler Ebene beim Co-Branding oder Ingredient Branding[159] werden Mehrwerte für die Endverbraucher realisiert. Es erscheint nicht mehr als „Exoten-Strategie“ wenn plötzlich Unternehmen unterschiedlicher Branchen zusammenarbeiten. Ein gutes Beispiel hierfür ist die Kooperation zwischen dem Automobilhersteller BMW und Puma, die gemeinsam einen Mini-Cooper im Design der Sportmarke entwickelt haben.[160] Auch im Dienstleistungsbereich sind Partnerschaften mit einem anderen Unternehmen keine Seltenheit mehr. Unter dem Motto „Testen Sie IKEA bei Etap“ startete der schwedische Möbelkonzern IKEA eine Kooperation mit dem Hotel-

---

154 Vgl. Vilmar, A. (2006), S. 57
155 Vgl. Kreutzer, R.T. ; Merkle, W. (2008), S. 189
156 Vgl. Kotler, P.; Keller, K.L.; Bliemel, F. (2007), S. 528
157 Vgl. Apollinaris (2007)
158 Vgl. Belz, C; Schögel, M.; Tomczak, T. (2007), S. 257
159 Vgl. Abschnitt 2.2.1 dieser Arbeit
160 Vgl. Zukunftsinstitut (2006a), S. 5

konzern Accor. In jedem deutschen Etap-Hotel wurde jeweils ein Zimmer und eine Ruhe-Oase mit IKEA-Möbeln und Accessoires ausgestattet. IKEA konnte so seine Produkte neuartig präsentieren und mit der Hotel-Dienstleistung verbinden.

Preispolitik

Ebenso können ausgezeichnete Preisvorteile im Verbund zum Erfolg der Partnerschaft beitragen.[161] Der Nutzen für den Kunden wird hier am deutlichsten sichtbar, da der Mehrwert in besonders günstigen Angeboten und finanziellen Vorteilen besteht. Dies ist bspw. bei Produktbündeln realisierbar. In der Praxis werden die meisten preispolitischen Kooperationsmaßnahmen über zeitlich begrenzte Co-Promotions realisiert. Am Beispiel der gemeinsamen Verkaufsaktion von Lidl und der Deutschen Bahn, die Ende 2008 bereits zum zweiten mal Fahrkartenhefte zu vergünstigten Preisen anboten[162], wird deutlich, dass der Handel häufig als Treiber und aktiver Vermarkter von Dienstleistungen agiert. „Das Preisimage der Discounter und deren Reichweitenleistung [lassen] viele Arten preisorientierter Kooperationen als erste Wahl erscheinen.“[163] Darüber hinaus bilden Kundenkartensysteme eine weitere preispolitische Kooperationsplattform. So kooperiert der ADAC z.B. regelmäßig mit zahlreichen Unternehmen, die eine Vergünstigung in den Bereichen Hotel, Konzert, Reise und Sport gewährleisten und somit einen Beitrag zur Kundenbindung leisten. Das Engagement zahlt sich auch für die Partnerunternehmen aus, die einen Nutzen aus der Bekanntheitssteigerung ziehen und ihren Kundenkreis ausweiten können.

Distributionspolitik

Dazu werden Marketingkooperationen auch immer häufiger in die Distributionspolitik eingegliedert. Eine vorwiegende Zielsetzung liegt hier in der Zielgruppenausweitung durch die Kundenansprache des Partners. Hierzu eignen sich insbesondere Vertriebskooperationen, wo die Absatzkanäle des Partners genutzt werden. So wurde das Premium Mobiltelefon Nokia 8910, das sich durch ein besonders exklusives Design auszeichnet, zum Marktstart über die Filialen des Juweliers Christ vertrieben. Im Gegenzug wurde in den Nokia-Filialen eine hochwertige Titan Uhr des Schmuckhändlers verkauft.[164] Nokias Marketing Manager Thomas Knops äußert sich dazu zusammenfassend: „Die Kooperation hat gezeigt, wie zwei starke Partner aus unterschiedlichen Branchen auf intelligente

---

[161] Vgl. Kreutzer, R.T. ; Merkle, W. (2008), S. 188
[162] Vgl. o.V. (2008a)
[163] Kreutzer, R.T. ; Merkle, W. (2008), S. 188
[164] Vgl. Vilmar, A. (2006), S. 213

Art und Weise gemeinsam neue Kundenkreise erschliessen und so Synergien nutzen."[165] Andererseits können Vertriebskooperationen auch promotional ausgerichtet sein.[166] Inhalt der Kooperation zwischen Volvo und der Reederei Stena-Line war ein exklusives Reisepaket, welches deutschen Volvo-Käufern, die ihr neues Auto direkt aus Schweden in die Heimat überführen wollten, einen Hinflug und eine kostengünstige Rückfahrt per Fähre ermöglichte.[167]

3.4.2 Sponsoring im Marketing-Mix

Im Rahmen des Marketings wird das Instrument Sponsoring der Kommunikationspolitik zugeordnet.[168] „Das weiteste Feld an Integrationsmöglichkeiten des Sponsorings eröffnet sich [daher] in der Planung kommunikationspolitischer Maßnahmen."[169] Dennoch wird das Sponsoring immer häufiger übergreifenden Maßnahmen aus integriert.

Kommunikationspolitik

Oftmals wird mit dem Sponsoring ausschließlich die Markierung von Ausrüstungsgegenständen, wie z.B. Bekleidung, Anlagen, Einrichtungen oder Transportmitteln assoziiert. Außerdem wird darunter die Logointegration auf Banden, Plakaten, Eintrittskarten, Wegweisern im Umfeld gesponserter Events verstanden. Manchmal treten die Sponsoren sogar als Presenter der Veranstaltungen auf, so wie z.B. die Tennismeisterschaft BMW Open. [170]

Darüber hinaus nutzen Unternehmen das Sponsoring zunehmend auch als „Themenlieferant für alle anderen Kommunikationskanäle".[171] Das Potenzial, das sich aus der Verwertung der kommunikativen Nutzungsrechte ergibt, ist beachtlich. Schließlich stellt die Vernetzung des reinen Engagements mit klassischen Maßnahmen, die mehr leisten als den bloßen Logoabdruck, ein wesentliches Erfolgskriterium des Sponsorings dar.[172] Deswegen steht heute die ganzheitliche Betrachtung der kommunikativen Aktivitäten, der so genannten integrierten Kommunikation, im Vordergrund.[173]

---

165 Knops, T. (2005), zitiert in: Lammoth, F. (2005), S. 49
166 Vgl. Vilmar, A. (2006) S. 58
167 Vgl. Vilmar, A. (2006), S. 222
168 Vgl. Meffert, H. (2000a), S. 729
169 Woisetschläger, D. (2006), S. 215
170 Vgl. Hermanns, A.; Riedmüller, F. (2003), S. 83
171 Falt, T. (2003), S. 16
172 Vgl. MTP (2006), S. 8
173 Vgl. Hermanns, A.; Riedmüller, F. (2003), S. 86

So ist das Sponsoring bspw. auch in der Lage, Funktionen der Verkaufsförderung zu übernehmen.[174] Denkbare Integrationsmöglichkeiten dafür sind:

- Einbindung des Engagements in Display-Material
- Autogrammstunden mit geförderten Sportlern oder Künstlern
- Verlosungen mit Bezug zum Sponsoring
- Verbindung mit Außendienstwettbewerben (z.B. Treffen mit Sportler als Anreiz)

Sehr häufig werden gesponserte Personen oder Institutionen auch in Testimonial-Werbespots oder Printanzeigen eingegliedert. Beispielhaft sei hier die Aktivierung des Sponsorings des Automobilherstellers Toyota genannt. Neben dem ehemaligen Nationaltorwart Oliver Kahn integrierte Toyota im Rahmen seiner Sponsoring-Partnerschaft mit dem DHB den Handball-Nationaltrainer Heiner Brand in seinen aktuellen TV-Spot für den Toyota Avensis.[175] Außerdem trägt eine Einbindung in die Öffentlichkeitsarbeit durch redaktionelle Berichterstattung sowie die Bereitstellung von Sponsoringinformationen im Multimediabereich, wie z.B. dem Internet, zur Aktivierung des Sponsorships bei. Darüber hinaus kann das Engagement aber auch für Messen und Ausstellungen, dem Event-Marketing, sowie für die interne Kommunikationsaktivitäten dienlich sein.

Produktpolitik

Die glaubwürdige Vernetzung des Sponsorships mit der Produktpolitik gelingt z.B. durch die Nutzung der Expertise eines Sportlers und die Verbindung mit spezifischen Eigenschaften des Sponsoring-Objektes. Außerdem können Sondermodelle mit dem Namen des Partners und Logos auf der Verpackung eingesetzt werden.[176] Der Vodafone-Marketing Geschäftsführer Frank Rosenberg argumentiert: „Als Titelsponsor [des Formel-1-Teams McLaren Mercedes] verfügen wir über ein deutlich umfangreicheres Rechtepaket. [...] Daher sind wir nun in der Lage, viel mehr zu tun als einfach ein Logo auf ein Auto zu kleben."[177] Im Falle dieser Partnerschaft bestand die Möglichkeit, das Engagement auf die Produktpolitik des Unternehmens auszuweiten. In limitierter Edition präsentierte Vodafone zur Saison 2007 drei exklusive McLaren Mercedes Handys, die im Design das Thema Formel 1 aufgriffen. Zusätzlich wurden die Handys mit speziellen Formel-1-Inhalten wie Videos, Klingeltöne und Bilder ausgestattet.

---

[174] Vgl. Hermanns, A.; Marwitz, C. (2008), S. 223; auch: vgl. Leuteritz, A. (2008), S. 12
[175] Vgl. Reidel, M. (2008)
[176] Vgl. Püttmann, M. (1993), S. 663
[177] Rosenberger, F. (2007), S. 14

Abbildung 15 - Formel 1- Handy Mercedes

Preispolitik

Ebenso werden Sponsoringengagements immer häufiger in preispolitische Maßnahmen integriert. Eine denkbare Maßnahme hierfür ist ein Rabatte gegen Vorlage einer Eintrittskarte zu einer gesponserten Veranstaltung. Die Hypovereinsbank nutzte die Markenrechte ihres Sponsoring-Vertrags mit dem FC Bayern für ein Finanzprodukt und entwickelte die FC Bayern SparKarte. Damit kassieren Anhänger des Fußballvereins extra Zinsen wenn Tore fallen- für jedes 10. Heimtor gibt es im Folgemonat 0,1 Prozent Sonderzinsen. Zusätzlich bekommen Karteninhaber Rabatte auf Fan-Artikel und können jeden Monat exklusive Preise des Vereins gewinnen.[178] Diese Maßnahme zeigte gleichzeitig Auswirkung auf die Distributionspolitik- über 25.000 neue Kunden konnten über die Aktion gewonnen werden.[179] Auch im Bereich Sozio-Sponsoring ist eine Integration in die Preispolitik möglich. Das Kreditkartenunternehmen American Express unterstützt *The Global Fund*, eine UNO-nahe Organisation, die sich der Bekämpfung von Aids, Malaria und Tuberkulose verschrieben hat. 1 Prozent der getätigten Bezahlungen mit der Kreditkarte „American Express Red“ wird zur Unterstützung des Fonds verwendet.[180]

---

[178] Vgl. Hypovereinsbank (o.D.)
[179] Vgl. Öchsner, T. (2004)
[180] Vgl. Zukunftsinstitut (2006b)

Distributionspolitik

In erster Linie zielt die Ausweitung des Sponsorings auf die Distributionspolitik auf die Ausgestaltung der Zusammenarbeit mit dem Handel.[181] Um den Distributionsgrad durch zusätzliche Listungen zu verstärken bzw. Regalplätze zu erweitern, sind persönliche Gespräche mit den Handelsvertretern nützlich. In den letzten Jahren haben Verantwortliche im Bereich Marketing und Vertrieb erkannt, dass im Umgang mit den Kunden und der besonderen Gastfreundschaft abseits des täglichen Geschäfts, große Möglichkeiten stecken. Die Deutsche Post nutzt ihr Sponsoringpaket bei der Deutsche Tourenwagen Masters (DTM) neben der Banden- und Fahrzeugwerbung gleichzeitig auch als Business-Plattform. Um den Veranstaltungsort als Kontaktplattform nicht nur für sich, sondern auch für die Unternehmen, die in der DTM präsent sind, zu fördern, entwickelte die Post die „DTM Business Lounge- powered by Deutsche Post".[182]

Abbildung 16 - DTM Business Lounge by Deutsche Post

Quelle: eigene Darstellung, in Anlehnung an SpoBis (2009)

Damit sich das Engagement jedoch nicht nur indirekt auf die Absatzzahlen auswirkt, kann der Abverkauf neben den klassischen Hospitality-Maßnahmen auch direkt angekurbelt werden. „Vor allem Getränkehersteller, aber zunehmend auch andere Sponsoren, nutzen Sportereignisse zum gezielten und exklusiven Verkauf ihrer Produkte und Leistungen".[183] Als Sponsor des Reitsports nutzt die Allianz-Versicherung ihre werbliche Präsenz am Veranstaltungsort bspw. dafür, um Besucher an einem Messestand zum Thema Pferdeversicherung zu beraten.[184] Auf diesem Weg können auf der Veranstaltung direkt neue Kunden gewonnen werden.

[181] Vgl. Woisetschläger, D. (2006), S. 225
[182] Vgl. SpoBis (o.D.)
[183] Dudzik, T. (2006), S. 23
[184] Vgl. Branasch, A. (2005), S. 34

3.4.3 Vergleich des Integrationsgrades

Grundsätzlich konnte gezeigt werden, dass die beiden kooperativen Marketinginstrumente in den gesamten Marketing-Mix integriert werden können.

Abbildung 17 - Integration kooperativer Instrumente in den Marketing-Mix

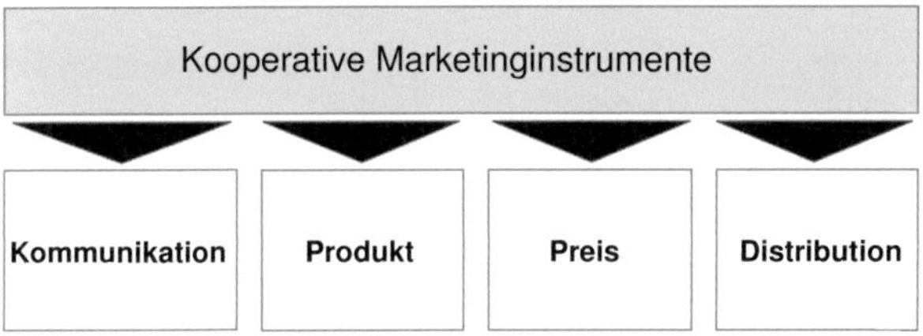

Obwohl das Sponsoring ein Instrument der Kommunikationspolitik ist und der Fokus entsprechend auf kommunikativen Maßnahmen liegt, wird deutlich, dass aufgrund der dynamischen Weiterentwicklung in den letzten Jahren eine übergreifende Integration auch in die anderen Marketinginstrumente gelingt. FARRELLY und QUESTER bestätigen: „Sponsorship-led activation strategies [...] often encompass co-branding initiatives and include a broad application of marketing tools such as advertising, sales and trade promotion, merchandising, et cetera."[185] Um ihre Zielsetzungen zu erreichen, verwerten die Unternehmen ihre erworbenen Nutzungsrechte für vielfältige Maßnahmen. Auf diese Weise lassen sich Synergieeffekte realisieren, die zu einer bestmöglichen Erreichung der Ziele beitragen. Die mehrstufige Verwertung der Sponsoring-Rechte hängt trotz allem stark damit zusammen, ob die Unternehmen bereit sind, für die Ausgestaltung der Partnerschaft Ressourcen zur Verfügung zu stellen.[186]

Der Schwerpunkt bei Marketingkooperationen liegt nicht auf einem einzelnen Marketing-Mix-Instrument. Im Rahmen einer Gesamtkonzeption werden auch hier Begleitmaßnahmen entwickelt. Wenn also bspw. ein gemeinsames Produkt entwickelt wird, werden gleichzeitig übergreifende Werbemaßnahmen implementiert. Daher sind häufig auch Mischformen zu beobachten. Letztlich sollen sich allerdings alle Formen positiv auf die Absatzzahlen auswirken.

[185] Farrelly, F; Quester, P. (2005), S. 56
[186] Vgl. Papadimitriou, D.; Apostolopoulou, A.; Dounis, T. (2008), S. 218

3.5 Zwischenfazit

Nach der Erstellung einer allgemeingültigen Definition des Begriffes *Kooperative Marketinginstrumente* im ersten Teil, konnte mithilfe der Begriffsdefinition und der Untersuchung der jeweiligen Erscheinungsformen ein Einblick in das Thema Kooperation gewonnen werden. Anhand der Darstellung zahlreicher Beispiele und den Entwicklungen und Trends innerhalb beider Bereiche konnte ferner gezeigt werden, dass sich sowohl Marketingkooperationen als auch Sponsoring im Marketing etabliert haben. In Kapitel drei wurde anschließend eine theoretische Vergleichsanalyse durchgeführt, bei der sowohl Gemeinsamkeiten der Instrumente hinsichtlich der Dimensionen Zielsetzung, Konzeption, Partnerakquise und Integrationsgrad als auch teilweise Unterschiede sichtbar wurden. Bisher wurden die Kenntnisse allerdings ausschließlich aus der Theorie abgeleitet. Die gewonnenen Erkenntnisse bilden die Grundlage für den nachfolgenden praktischen Teil.

4. Praktischer Vergleich kooperativer Marketinginstrumente entlang des Managementprozesses

In der vorangegangenen theoretischen Analyse wurden in den einzelnen Vergleichsdimensionen sowohl Gemeinsamkeiten als auch Unterschiede zwischen den beiden kooperativen Instrumenten sichtbar. Diese Erkenntnisse sind allerdings lediglich das Ergebnis der literarischen Überprüfung. In der Fachliteratur wurden die Instrumente Marketingkooperation und Sponsoring bisher noch nicht zusammen betrachtet. Außerdem blieb bisher die praktische Perspektive unberücksichtigt. Es entsteht die Vermutung, dass in dieser Arbeit möglicherweise in einigen Dimensionen Unterschiede herausgestellt wurden, die seitens der Praxis möglicherweise gar nicht gesehen werden. Ausgehend von dieser Basishypothese werden für die folgende praktische Untersuchung weitere spezifische Hypothesen abgeleitet, die in Gesprächen mit ausgewählten Unternehmensvertretern aus der Praxis überprüft werden. Gleichzeitig werden allgemeine Vermutungen abgeleitet, die für die spätere Entwicklung von Handlungsempfehlungen für den Einsatz kooperativer Marketinginstrumente von Bedeutung sind.

4.1 Ableitung von Hypothesen

Zur besseren Orientierung an den vorangegangenen theoretischen Analyseteil werden die Hypothesen den bekannten Vergleichsdimensionen zugeordnet.

Zielsetzung

Die Theorie hat gezeigt, dass Sponsoring-Nehmer häufig Maßnahmenpakete anbieten. Da Zielsetzungen als angestrebte Sollzustände am Ende eines Prozesses beschrieben wurden, die mit spezifischen Maßnahmen zu erreichen sind, müsste der Ausgangspunkt einer Kooperation jedoch nicht die Gestaltung eines Maßnahmenpaketes, sondern die Zielsetzungen der Partner sein (H1). Sie müssten demnach vor der Kontaktaufnahme die Absichten der potenziellen Sponsoren kennen. Eine Vielzahl gemeinsamer Ziele von Marketingkooperationen und Sponsoring konnten in der Theorie bereits enthüllt werden. Der Vergleich deckte aber auch einen wesentlichen Unterschied auf: Mit Marketingkooperationen werden im Gegensatz zum Sponsoring auch direkte Vertriebsziele verfolgt.[187] Zweifellos soll beim Sponsoring über den Imagetransfer und die Steigerung der Glaubwürdigkeit auch der Umsatz gesteigert werden. Allerdings ist der Erfolg dieser Maßnahmen nicht direkt messbar, sodass an dieser Stelle die Vermutung entsteht, dass Un-

[187] Vgl. Kapitel 3.1.3 dieser Arbeit

ternehmen, die Sponsoring durchführen, vermehrt vertriebliche Zielsetzungen verfolgen (H2).

Konzeption

In dem theoretischen Vergleich der Konzeptionen wurde erläutert, dass ein wesentlicher Unterschied der kooperativen Marketinginstrumente ferner darin besteht, dass Sponsoringmaßnahmen im Gegensatz zu den Maßnahmen für Marketingkooperationen nicht gemeinsam weiterentwickelt werden. In der Befragung soll daher die Vermutung geprüft werden, dass Kooperationskonzepte, die von beiden Partnern gemeinsam konkretisiert werden, erfolgreicher sind (H3). Gemäß der Theorie werden die Maßnahmen von Marketingkooperationen derzeit noch häufiger in einem gemeinsamen Prozess entwickelt als beim Sponsoring (H4)- ob dies in der Praxis ebenfalls so geschieht, soll untersucht werden. Es wird vermutet, dass die Unternehmen von den Sponsoring-Anbietern nicht nur standardisierte Ansätze fordern, sondern maßgeschneiderte Konzepte, die aufzeigen, inwieweit diese auf die unternehmensspezifischen Zielsetzungen einzahlen (H5). Damit den Partnern das gelingt, müssten sie entsprechende Fähigkeiten vorweisen. Demnach wird behauptet, dass die Unternehmen von den Sponsoring-Anbietern zunehmend konzeptionelle Fähigkeiten fordern (H6).

Partnerakquise

Geeignete Maßnahmen zur Zielerreichung können erst entwickelt werden, wenn die Ziele der Partner bekannt sind. Demnach müsste die Partnerakquise grundsätzlich vor der Entwicklung konkreter Maßnahmen erfolgen (H7). In der Theorie hat der Blick auf die Kriterien, die die Unternehmen zur Bewertung der möglichen Partner heranziehen, gezeigt, dass die Auswahlkriterien für einen Partner auf Unternehmensseite bei Marketingkooperationen und im Sponsoring gleichermaßen von den jeweiligen Zielsetzungen der Unternehmen abhängen (H8). Wenn ein Unternehmen also bspw. die Zielsetzung des Imagetransfers verfolgt, liegt der Fokus auf der Auswahl auf dem Image des Partners. Durch die Zusammenarbeit sollen die beidseitigen Ziele der Partner erreicht werden. Daher müssten bei der Partnerakquise entsprechend mehrere Fit-Dimensionen übereinstimmen (H9). Es konnten bereits zahlreiche deckungsgleiche Kriterien/ Fit-Dimensionen identifiziert werden. Allerdings wird gemäß der Theorie die persönliche Chemie der Unternehmen zum Sponsoring-Anbieter nicht berücksichtigt. Wenn die Beteiligten einer Sponsoringpartnerschaft die Konzepte nun aber tatsächlich gemeinsam ausgestalten (vgl. H3), müsste dieses Kriterium auch für potenzielle Sponsoren relevant sein. Gleiches gilt für den vertrieblichen Aspekt. Sollten die Unternehmen, die Sponsoring durchführen, vermehrt vertriebliche Zielsetzungen verfolgen, rückt auch das Kriterium der Vertriebsstruktur des Partners in den Fokus.

Integrationsgrad

Die aufgeführten Beispiele im Theorieteil haben gezeigt, dass Sponsoringmaßnahmen in alle Bereiche des Marketing-Mixes integriert werden können. Daher ist zu erwarten, dass sie als etablierte Instrumente in die gesamte Marketingplanung einbezogen werden (H10). Weiterhin lautet eine zu überprüfende Feststellung, dass Sponsoringmaßnahmen nicht mehr nur für kommunikative Maßnahmen genutzt werden, sondern wie Marketingkooperationen in den gesamten Marketing-Mix integriert werden (H11). Wenn die Aktivitäten also im Marketing-Mix vernetzt werden, erhöht sich die Glaubwürdigkeit und die Durchschlagskraft im Marketing. Ohne die Integration der Kooperation in weitere Elemente des Marketing-Mixes würde das Potenzial der Partnerschaft nicht voll ausgeschöpft (H12). Es entsteht die Vermutung, dass alle Unternehmen dieses Potenzial für sich nutzen und in der Praxis weder Marketingkooperationen noch Sponsoring als losgelöste Maßnahmen umgesetzt werden (H13).

Abbildung 18 - Übersicht Hypothesen

Nr.	Hypothese
Zielsetzung	
H1	Der Ausgangspunkt einer Kooperation sollte nicht die Gestaltung eines Maßnahmenpakets, sondern die Zielsetzungen der Partner sein.
H2	Unternehmen, die Sponsoring durchführen, verfolgen wie bei Marketingkooperationen vermehrt auch vertriebliche Zielsetzungen.
Konzeption	
H3	Kooperationskonzepte sind erfolgreicher, wenn sie von beiden Kooperationspartnern gemeinsam entwickelt werden.
H4	Konzepte von Marketingkooperationen werden derzeit noch häufiger als beim Sponsoring gemeinsam entwickelt.
H5	Unternehmen fordern maßgeschneiderte Konzepte, die aufzeigen, inwieweit eine Marketingkooperation oder ein Sponsoring-Engagement auf die unternehmensspezifischen Zielsetzungen einzahlt.
H6	Unternehmen fordern von den Sponsoring-Anbietern zunehmend konzeptionelle Fähigkeiten.
Partnerakquise	
H7	Die Partnerakquise sollte vor der Entwicklung eines konkreten Maßnahmenkatalogs erfolgen.
H8	Die Auswahlkriterien für einen Partner sind auf Unternehmensseite bei Marketingkooperationen und im Sponsoring gleichermaßen abhängig von der jeweiligen Zielsetzung des Unternehmens.
H9	Bei der Partnerakquise sollten meist mehrere Fit-Dimensionen übereinstimmen.
Integrationsgrad	
H10	Marketingkooperationen und Sponsoring werden als etablierte Marketinginstrumente in die gesamte Marketingplanung einbezogen.
H11	Sponsoringmaßnahmen werden nicht mehr nur für kommunikative Maßnahmen genutzt, sondern werden wie Marketingkooperationen in den gesamten Marketing-Mix integriert.
H12	Ohne die Integration von Sponsoring und Marketingkooperationen in weitere Elemente des Marketing-Mixes wird das Potenzial der Partnerschaften nicht voll ausgeschöpft.
H13	Weder Marketingkooperationen noch Sponsoring werden als losgelöste Maßnahmen umgesetzt.

4.2 Methodische Vorgehensweise der praktischen Untersuchung

Um eine möglichst natürliche Situation herzustellen und praxisnahe Antworten zu erhalten, wurde für die praktische Untersuchung der Ansatz der qualitativen Befragung gewählt. Nach PFADENHAUER eignen sich besonders Experteninterviews dazu, um explizierbare Wissensbestände zu rekonstruieren.[188] Unter Experten sollen hier diejenigen Personen verstanden werden, die aufgrund ihrer Ausbildung und ihrer beruflichen Stellung über besonderes Wissen zu dem untersuchten Thema verfügen.[189] Da sie auf Anfrage häufig dazu bereit sind, ihr spezifisches und konzentriertes Wissen weiterzugeben, bilden Sie vielfach die Zielgruppe von Untersuchungen, die das unmittelbare Aufgabengebiet betreffen. Außerdem haben Experten bereits Handlungs- und

[188] Vgl. Pfadenhauer, M. (2005), in: Bogner, A.; Littig, B.; Menz, W. (2005), S. 114
[189] Vgl. Gläser, J.; Laudel, G. (2006) , S. 11

Erfahrungswissen im Umgang mit der Untersuchungsthematik gesammelt und können mit ihren Antworten einen wertvollen Beitrag zu den untersuchten Hypothesen und Fragestellungen leisten.[190] Aus diesem Grund erfolgt in dieser Untersuchung eine primäre Datenerhebung durch Experteninterviews.

Da in der Praxis überwiegend Partnerschaften zwischen Herstellern bekannter Marken zustande kommen und insbesondere namhafte Unternehmen zahlreiche Sponsoring-Angebote erhalten, beruht diese Untersuchung auf Interviews mit Vertretern bekannter Unternehmen. Diese sollten über Erfahrungen im Umgang mit dem Instrument Marketingkooperation und/ oder Sponsoring verfügen. Demzufolge war die Wahl des Experten an dessen spezifischen Aufgabenbereich oder Position in dem relevanten Themenfeld geknüpft. Mit der gezielten Ansprache von Unternehmensvertretern aus unterschiedlichen Branchen sollte darüber hinaus die Vielfältigkeit in den Antworten und der Einblick in die möglicherweise unterschiedlichen Sichtweisen gewährleistet werden. Außerdem sollten die Erfahrungen und Ansichten eines Experten aus dem Dienstleistungsbereich, welcher beratend als Vermittler der Kooperationspartner auftritt, der nötigen Diversität der Perspektiven Rechnung tragen.

Insgesamt beteiligten sich neun Unternehmen folgender Branchen:

- Agentur für Marketing und Kooperationen (ND&T)
- Automobil (BMW, Toyota)
- Finanzdienstleister (comdirect, SEB)
- Bierbrauerei (Warsteiner)
- Fernsehsender (Premiere)
- Mode (Hugo Boss)
- Technologie (Siemens)

Aufgrund beschränkter zeitlicher und finanzieller Ressourcen wurde die Befragung auf schriftlichem und mündlichem Weg via E-Mail und Telefon durchgeführt, wobei die Telefoninterviews einen ungefähren Zeitrahmen von 30 Minuten umfassten. Unter Einbeziehung der im Vorfeld aufgestellten Hypothesen wurde ein Interviewleitfaden erstellt. Angesichts des umfangreichen Informationsbedarfes in den unterschiedlichen Vergleichsdimensionen wurden möglichst offene Fragen formuliert, um die Experten nicht durch vor-

[190] Vgl. Martens, B.; Ritter, T. (2008), S. 10 f.

gefertigte Antwortmöglichkeiten einzuschränken. Gleichzeitig sollte der Leitfaden die Grundlage eines strukturierten Gespräches werden.

Da für die Auswertung des Befragungsmaterials eine genaue Aufbereitung der Informationen zwingend erforderlich ist, wurden die Telefongespräche auf einem Tonband protokolliert. Dafür war die vorherige Zustimmung der Experten eine Grundvoraussetzung. Exakte Wortformulierungen, Betonungen, Pausen, Dialektformulierungen und sonstige nonverbale Elemente blieben bei der Erstellung des Transkripts jedoch unberücksichtigt, da sie nach Ansicht des Verfassers sowie nach MEUSER und NAGEL keinen Beitrag zum Erkenntnisgewinn leisten. [191] Die jeweiligen Transkripte zu den durchgeführten Interviews können im Anhang dieser Arbeit eingesehen werden.[192]

4.3 Überprüfung der Hypothesen anhand durchgeführter Experteninterviews

Im folgenden Abschnitt sollen die Hypothesen anhand der Ergebnisse der Unternehmensbefragung überprüft werden.

Zielsetzung

H1	Der Ausgangspunkt einer Kooperation sollte nicht die Gestaltung eines Maßnahmenpakets, sondern die Zielsetzung der Partner sein.

Die erste Hypothese zielt auf die Überprüfung des Ausgangspunktes einer Kooperation. Gemäß der Theorie müsste mit der Zielsetzung der Partner begonnen werden, damit diejenigen Maßnahmen entwickelt werden, mit denen diese zu erreichen sind. Aus den Antworten der befragten Unternehmensvertreter geht hervor, dass jedes durchgeführte Engagement unterschiedlichen Motiven zugrunde liegt. Beispielhaft sei hier Toyota genannt, die mit einem Handball-Sponsoring letztlich andere Zielsetzungen anstreben, als mit einem Leichtathletik-Sponsoring. D.h., dass unterschiedliche Zielsetzungen also auch verschiedene Maßnahmen erfordern. Vor dem Eingehen einer Partnerschaft ist daher zu klären, auf welche Zielsetzungen diese Maßnahme im Unternehmen einzahlen soll. Das wird von VAN MARWICK bestätigt: „Grundsätzlich ist erstmal die Frage, was man erreichen will, welche Zielsetzungen man damit im Unternehmen erreichen möchte.“[193] Außerdem zeigen die Antworten der Befragten, dass sich die Unternehmen von standardisierten Maßnahmenpaketen abwenden, da diese erst gezielt auf die eigenen

[191] Vgl. Meuser, M.; Nagel, U. (2006), S. 87
[192] Vgl. Anhang S. XXI ff.
[193] Experteninterview mit van Marwick, M., Toyota, 16.01.2009

Zielsetzungen umgemünzt werden müssen.[194] Es ist folglich besser die Zielsetzungen zu kennen, bevor die Maßnahmen entwickelt werden. Die primäre Zielsetzung des privaten Fernsehsenders Premiere ist der Vertrieb. Diese Komponente fehlt in den Kooperationsangeboten jedoch häufig, und muss später selbst erarbeitet werden.[195] Zweckmäßiger wäre es demnach, mit dem Wissen um die Zielsetzungen des Unternehmens geeignete Maßnahmen zu entwickeln. Die erste Hypothese lässt sich folglich bestätigen.

H2	Unternehmen, die Sponsoring durchführen, verfolgen wie bei Marketingkooperationen vermehrt auch vertriebliche Zielsetzungen.

Mit der zweiten Hypothese wird behauptet, dass Unternehmen, die Sponsoring durchführen, wie bei Marketingkooperationen vermehrt auch vertriebliche Zielsetzungen verfolgen. Fakt ist, dass Marketingkooperationen und dabei insbesondere die Bedeutung von Vertriebskooperationen vor allem für Unternehmen im Finanzdienstleistungsbereich zugenommen hat.[196] Mittlerweile wird ein signifikanter Anteil an Neukunden über Kooperationen gewonnen.[197] Zum Teil werden für jeden über den Vertriebspartner vermittelten Kunden Provisionen gezahlt. Der Erfolg der Kooperation lässt sich hier also immer direkt der Maßnahme zurechnen.[198] Beim Sponsoring war dies bisher nicht der Fall, da sich die Engagements häufig in erster Linie auf die Aspekte Image und Sympathie auswirken. Erst viel nachgelagerter machen sich die Engagements in der Gewinnung neuer Kunden und in neuen Vertragsabschlüssen bemerkbar.[199] Die Erfolge sind dem Sponsoring nicht direkt zurechenbar. Vor allem für Unternehmen mit einer starken vertrieblichen Orientierung müssen Sponsoring-Maßnahmen aber einen unmittelbaren Beitrag zur Erfüllung der Vertriebsziele leisten. Am Beispiel Premiere wird deutlich, dass ausschließlich Sponsoring-Engagements mit einer vertrieblichen Ausrichtung umgesetzt werden. „Wenn wir Lizenzen im Rahmen einer Sponsoringpartnerschaft erwerben, dann grundsätzlich nur in Kombination mit einer Vertriebsorientierung."[200] In dem Fall wird der Verein zum direkten Vertriebspartner: über seine Kanäle wird dann bspw. eine bestimmte Anzahl von Abonnements vertrieben. Trotzdem fehlen beim Sponsoring teilweise noch innovative Ideen, wie über den Partner zurechenbare Vertriebserfolge erfüllt werden

[194] Vgl. Experteninterview mit Mitarbeiter der Sponsoringabteilung der Siemens AG , 21.01.2009
[195] Vgl. Experteninterview mit Arnold, G., Premiere, 19.01.2009
[196] Vgl. Experteninterview mit Sewald, M., SEB, 16.01.2009
[197] Vgl. Experteninterview mit Welge, R., comdirect, 15.01.2009
[198] Vgl. Experteninterview mit Welge, R., comdirect, 15.01.2009
[199] Vgl. Experteninterview mit Welge, R., comdirect, 15.01.2009
[200] Experteninterview mit Arnold, G., Premiere, 19.01.2009

können.[201] Dabei zeigen die Antworten, dass eine Ausgestaltung der Sponsoring-Maßnahmen für den Bereich Vertrieb als besonders wichtig erachtet wird. So werden Materialien für den POS, Anzeigen oder Imagefilme entwickelt, die entsprechend für den Vertrieb aufbereitet werden.[202] Damit soll eine Steigerung der Abverkäufe generiert werden, „da die Strategie ja genau darauf abzielt".[203] Auch über die Händleraktivierung wird das Sponsoring verkaufsorientiert. Um das Sponsoring erfolgreich zu betreiben, muss es „nicht nur vernetzt werden mit den klassischen Kommunikationsinstrumenten, sondern auch vernetzt werden in Richtung Handel und Vertrieb."[204] Aus der Sicht der befragten Agentur für Marketing und Kooperationen wird deutlich, dass die Unternehmen vermehrt umfassendere Anforderungen an Sponsoring-Maßnahmen stellen. „Idealerweise leisten diese [Maßnahmen] nicht nur einen Beitrag zu kommunikativen, sondern auch zu vertrieblichen Zielsetzungen."[205] Damit gilt auch die zweite Hypothese als verifiziert.

Konzeption

H3	Kooperationskonzepte sind erfolgreicher, wenn sie von beiden Kooperationspartnern gemeinsam entwickelt werden.

Die dritte Hypothese behauptet, dass Kooperationskonzepte erfolgreicher sind, wenn sie von beiden Kooperationspartnern gemeinsam entwickelt werden. In dem vorangegangenen Theorieteil wurde deutlich, dass die Unternehmen das Grundkonzept eines Sponsorings überwiegend allein ausgestalten. In der Praxis beinhalten Kooperationsangebote häufig Informationen wie „Ihr könnt Werbung bei mir schalten".[206] Das entspricht jedoch nicht dem partnerschaftlichen Gedanken einer Kooperation. Damit lassen sich aber die Ziele, die über eine einfache Bekanntheitssteigerung hinausgehen, nicht erreichen. Für eine erfolgreiche Zusammenarbeit sollten die Partner also auch in klarer Kenntnis über die jeweiligen Zielsetzungen des Partners sein.[207] In diesem Zusammenhang haben die Unternehmen erkannt, dass sich mit der Erstellung eigener Konzepte unternehmensspezifische Ziele erreichen lassen.[208] Bei einer gemeinsamen Weiterentwicklung der Konzepte können die Partner die Maßnahmen so konkretisieren, dass sie

[201] Vgl. Experteninterview mit Welge, R., comdirect, 15.01.2009
[202] Vgl. Experteninterview mit Mitarbeiter der Sponsoringabteilung der Siemens AG, 21.01.2009; auch: vgl. Experteninterview mit Cartsburg, C., BMW, 09.01.2009
[203] Experteninterview mit Mitarbeiter der Sponsoringabteilung der Siemens AG, 21.01.2009
[204] Experteninterview mit van Marwick, M., Toyota, 16.01.2009
[205] Experteninterview mit Thun, S., ND&T, 02.02.2009
[206] Vgl. Experteninterview mit Welge, R., comdirect, 15.01.2009
[207] Vgl. Experteninterview mit Thun, S., ND&T, 02.02.2009
[208] Vgl. Experteninterview mit Sewald, M., SEB, 16.01.2009

auf die beidseitigen Zielsetzungen einzahlen. Dadurch wäre auch das Gesamtergebnis der Kooperation erfolgreicher. Damit gilt diese Hypothese ebenfalls als verifiziert.

H4	Konzepte von Marketingkooperationen werden derzeit noch häufiger als beim Sponsoring gemeinsam entwickelt.

Die Hypothese vier sagt aus, dass Konzepte von Marketingkooperationen derzeit noch häufiger als beim Sponsoring gemeinsam entwickelt werden. Diese Annahme konnte in der Theorie bereits bestätigt werden. In der Tat setzen sich auch die befragten Unternehmen, die Marketingkooperationen durchführen, in der Praxis zusammen und machen sich in einem ersten Termin konkrete Gedanken darüber, wie eine Kooperation aussehen soll, und was beide Partner beabsichtigen. Bei Marketingkooperationen ist es für einige Unternehmen daher auch eine „tiefere Art der Zusammenarbeit".[209] Beim Sponsoring erhalten die Unternehmen überwiegend fertige Konzepte, die hinsichtlich ausgearbeiteter Maßnahmen jedoch häufig standardmäßig und wenig individuell und kreativ erscheinen.[210] So kommt es, dass zahlreiche Angebote abgelehnt werden. Für die Unternehmen beginnt die eigentliche Arbeit häufig erst nach dem Vertragsabschluss, wenn zu prüfen gilt, wie das Instrument aktiviert werden kann und wie die eingekauften Leistungen genutzt werden können.[211] Dennoch gibt es auch auf der Seite der Marketingkooperation Unternehmen, die vollständig ausgestaltete Maßnahmen in einer fertigen Paketierung anbieten. Diese sind für die Kooperationspartner dann entsprechend anpassbar. Hier ist jedoch von vornherein klar, dass die Konzepte für den Partner individualisiert werden müssen.[212] Auch die vierte Hypothese gilt damit als verifiziert.

H5	Unternehmen fordern maßgeschneiderte Konzepte, die aufzeigen, inwieweit eine Marketingkooperation oder ein Sponsoring-Engagement auf die unternehmensspezifischen Zielsetzungen einzahlt.

Die fünfte Annahme impliziert, dass Unternehmen von den Sponsoring-Anbietern maßgeschneiderte Konzepte fordern, die aufzeigen, inwieweit das Engagement auf die unternehmensspezifischen Zielsetzungen einzahlt. Wie zu Beginn bereits erwähnt, stehen für viele Unternehmen Vertriebsziele im Mittelpunkt. Dennoch geben die befragten Experten an, dass ihnen bei den Angeboten die vertriebliche Komponente fehlt. Im Mittelpunkt der Angebote steht häufig der Mediawert. Für die Unternehmen ist es jedoch „erstmal mittel-

[209] Experteninterview mit Arnold, G., Premiere, 19.01.2009
[210] Vgl. Experteninterview mit Arnold, G., Premiere, 19.01.2009
[211] Vgl. Experteninterview mit van Marwick, M., Toyota, 16.01.2009
[212] Vgl. Experteninterview mit Sewald, M., UEB, 16.01.2009

mäßig interessant, wie viel Mediawert wir dadurch generieren, sondern vielmehr welchen vertrieblichen Effekt wir damit erzielen können und wie viel wir verkaufen können."[213] Die eigentliche Zielsetzung der Unternehmen bleibt also unberücksichtigt. Gleiches gilt für das Unternehmen Toyota, welches aufgrund seiner hohen Markenbekanntheit seine Strategie nicht auf die Bekanntheit ausrichtet.[214] Dennoch erhält das Unternehmen zahlreiche Angebote, die „ausschließlich darauf ausgelegt sind, dass man im Gegenzug für die finanzielle Unterstützung sein Logo wunderbar platzieren kann und dadurch dann seine Markenbekanntheit steigert."[215] Es findet im Vorfeld also gar keine Auseinandersetzung mit den Unternehmen und seinen spezifischen Zielsetzungen statt. Wenn dazu vergessen wird, den richtigen Namen des richtigen Unternehmens einzusetzen[216], ist eine Absage dieses Angebotes so gut wie sicher. Auch das Unternehmen Siemens geht weg von standardisierten Paketen der Sponsoring-Nehmer, da sie hier immer versuchen müssen, die Angebote auf die spezifischen Zielsetzungen ummünzen.[217]Auch wenn die individuellen Zielsetzungen von den Anbietern häufig nicht berücksichtig werden, so werden sie von den Unternehmen allerdings erwartet. Sie fordern ausreichend ausformulierte und durchdachte Konzepte. Eine Verifizierung ist also auch dieser Hypothese zuzusprechen.

H6	Unternehmen fordern von den Sponsoring-Anbietern zunehmend konzeptionelle Fähigkeiten.

Maßgeschneiderte Konzepte tragen zur Erreichung der spezifischen Zielsetzungen bei. Daraus ergibt sich die Vermutung sechs, dass Unternehmen, von den Sponsoring-Anbietern zunehmend konzeptionelle Fähigkeiten fordern. Aus den Antworten der Befragten geht hervor, dass die Sponsoringkonzepte oft nicht als besonders kreativ oder individuell empfunden werden. Zweifellos sollte der Partner mehr einbringen als nur die Bereitstellung der Medien. [218] Die angebotenen Leistungen werden von den Anbietern häufig überschätzt. Oftmals fordern die Sponsoring-Nehmer extrem hohe Preise, für die sie aber keine angemessenen Gegenleistungen bieten. Daher werden von Unternehmensseite oft auch keine Konzepte angenommen, die von den Anbietern entwickelt wurden.[219] Es steht außer Frage, dass die Maßnahmen, die individuell auf die jeweiligen Anforderungen des Unternehmens zugeschnitten wurden i. d. R. effizienter und

[213] Experteninterview mit Arnold, G., Premiere, 19.01.2009
[214] Vgl. Experteninterview mit van Marwick, M., Toyota, 16.01.2009
[215] Experteninterview mit van Marwick, M., Toyota, 16.01.2009
[216] Vgl. Experteninterview mit van Marwick, M., Toyota, 16.01.2009
[217] Vgl. Experteninterview mit Mitarbeiter der Sponsoringabteilung der Siemens AG, 21.01.2009
[218] Vgl. Experteninterview mit Arnold, G., Premiere, 19.01.2009
[219] Vgl. Experteninterview mit Cartsburg, C., BMW, 09.01.2009; auch: vgl. Experteninterview mit van Marwick, M., Toyota, 16.01.2009

effektiver sind.[220] Da viele Anbieter jedoch standardisierte, nicht abänderbare Ansätze liefern, kommt es hier zu „Diskrepanzen von Angebot und Nachfrage".[221] Um den potenziellen Partner von seiner Kooperationsidee zu überzeugen, sollten die konzeptionellen Ausarbeitungen folglich maßgeschneidert sein. Damit lässt auch diese Vermutung bestätigen.

Partnerakquise

H7	Die Partnerakquise sollte vor der Entwicklung eines konkreten Maßnahmenkatalogs erfolgen.

Die Annahme der Hypothese sieben bezog sich auf die Partnerakquise, die vor der Entwicklung eines konkreten Maßnahmenpaketes erfolgen sollte. In der Theorie wurde deutlich, dass das Kooperationskonzept, mit dem sich die Initiatoren bei den Partnern vorstellen, bereits erste Ideen für Maßnahmen enthalten sollte. Es wurde aber auch klar, dass für eine erfolgreiche Kooperation die Zielsetzungen beider Partner erfüllt werden sollen, was wiederum bedeutet, dass die Ziele des Partners bekannt sein sollten. Die Erfahrungen der Agentur ND&T zeigen, dass Diskussionen mit potenziellen Partnern ohne eine grobe Beschreibung möglicher Maßnahmen häufig erfolglos verlaufen. Das liegt sicher daran, dass die Kooperation für die Partner so nur schwer vorstellbar ist. Dadurch kann das Potenzial einer gemeinsamen Partnerschaft nicht ausgeschöpft werden. Daher sollte „die finale Maßnahmenausgestaltung [...] gemeinsam erfolgen, um bestmöglich (a) die beidseitigen Ziele zu adressieren, b) die individuellen Möglichkeiten der Partner auszuschöpfen und (c) die ‚kreativen' Entwicklungspotenziale beider Partner zu nutzen."[222] Die konkreten Maßnahmen sollten erst später zusammen mit dem Partner entwickelt werden. Diese Aussage bestätigt auch diese untersuchte Hypothese.

H8	Die Auswahlkriterien für einen Partner sind auf Unternehmensseite bei Marketingkooperationen und im Sponsoring gleichermaßen abhängig von den jeweiligen Zielsetzungen des Unternehmens.

Mit der Hypothese acht wurde behauptet, dass die Auswahlkriterien für einen Partner auf Unternehmensseite bei Marketingkooperationen und im Sponsoring gleichermaßen abhängig sind von den Zielsetzungen. In der Theorie hat die Gegenüberstellung der Zielsetzungen mit den Bewertungskriterien gezeigt, dass diese Dimensionen voneinander

[220] Vgl. Experteninterview mit Sewald, M., SEB, 16.01.2009; auch: vgl. Experteninterview mit Cartsburg, C., BMW, 09.01.2009

[221] Experteninterview mit Thun, S., ND&T, 02.02.2009

[222] Experteninterview mit Thun, S., ND&T, 02.02.2009

abhängig sind. Diese Vermutung wird von den Vertretern aus der Praxis bestätigt. Bei der Bewertung der Partner ist „erstmal die Frage, was man erreichen will und welche Zielsetzungen man damit im Unternehmen verfolgen möchte."[223] Es ist also ganz entscheidend, welcher Partner gewählt wird, da das Unternehmen letztlich mit ihm zusammen die Zielsetzung erreichen möchte. Daher muss in der Bewertung des Partners auch eine Übereinstimmung (Fit) bestimmter Kriterien gegeben sein. Die Beurteilung des Partners nach den definierten Kriterien hängt also immer davon ab, welche Zielsetzungen mit einer Kooperation erreicht werden sollen.[224] Die Annahme acht ist bestätigt.

H9	Bei der Partnerakquise sollten meist mehrere Fit-Dimensionen übereinstimmen.

Eine weitere Vermutung war daraufhin, dass bei der Partnerakquise mehrere Fit-Dimensionen übereinstimmen sollten (H9). Wenn die Auswahlkriterien der Unternehmen von den Zielsetzungen abhängen und mit einer Kooperation die beidseitigen Motive der Partner erreicht werden sollen, müssen zwangsläufig mehrere Kriterien der Partner zueinander passen. Das Unternehmen muss nicht nur zu dem Kooperationspartner passen, sondern auch andersherum. Dazu kommt, dass Unternehmen selbst auch mehrere Zielsetzungen verfolgen. So kann bspw. sowohl das primäre Ziel der Gewinnung neuer Kunden anstreben, und kann als Nebenzielsetzung eine Anreicherung der Marke erwarten.[225] Dafür muss der Partner aber entsprechend auch über die relevanten Eigenschaften verfügen. Wenn eine Verbindung von vertrieblichen und Markenzielen zu den Motiven eines Unternehmens gehört, muss also sowohl die vertriebliche Relevanz als auch das kommunikative Vermarktungspotenzial des Partners geprüft werden.[226] Auch aus der Sicht der Agentur ND&T wird deutlich, dass die Unternehmen mehrere Zielsetzungen anstreben: „Da mit Kooperationen i.d.R. eine Kombination unterschiedlicher Zielbeiträge angestrebt wird, beziehen sich diese Anforderungen zumeist gleichzeitig auf unterschiedliche Dimensionen, wie z.B. Marke/Image, Leistungsangebot, Vertriebsstärke, Kundenstamm, ... des Partners."[227] Es gibt also eine Reihe von Faktoren, die bei der Partnerakquise zu berücksichtigen sind. Damit eine Kooperation erfolgreich ist, muss es mehrere Schnittmengen geben.[228]

[223] Experteninterview mit van Marwick, M., Toyota, 16.01.2009
[224] Vgl. Experteninterview mit Sewald, M., SEB, 16.01.2009
[225] Vgl. Experteninterview mit Arnold, G., Premiere, 19.01.2009
[226] Vgl. Experteninterview mit Terlohr, T., Warsteiner, 21.01.2009
[227] Experteninterview mit Thun, S., ND&T, 02.02.2009
[228] Vgl. Experteninterview mit van Marwick, M., Toyota, 16.01.2009

Integrationsgrad

H10	Marketingkooperationen und Sponsoring werden als etablierte Marketinginstrumente in die gesamte Marketingplanung einbezogen.

Vor dem Hintergrund der theoretischen Untersuchung wurde abgeleitet, dass Marketingkooperationen und Sponsoring als etablierte Marketinginstrumente in die gesamte Marketingplanung einbezogen werden (H10). Im Theorieteil wurden Beispiele aufgezeigt, die beweisen, dass beide Instrumente in alle Bereiche des Marketing-Mixes integriert werden können. Aus den Antworten der praktischen Untersuchung wird ersichtlich, dass die Unternehmen versuchen, die kooperativen Instrumente möglichst übergreifend einzusetzen. „Um das ganze Thema Kooperation grundsätzlich erfolgreich zu machen, ist die Vernetzung der Strategie im Haus mit allen anderen Departments [...] von Bedeutung."[229] So müssen auch bei einer vertrieblichen Ausrichtung immer entsprechende Kommunikationsaktivitäten und Aktionspreise einbezogen werden.[230] Es wird deutlich, dass auch das Sponsoring vermehrt übergreifend eingesetzt wird. Insbesondere bei unbekannten Marken oder neuen Labeln müssen zu der einfachen Bandenwerbung im Sponsoring bspw. aktivierende Maßnahmen betrieben werden, damit die Konsumenten auch ein konkretes Produkt mit dem Logo assoziieren.[231]Die Verknüpfung all dieser Maßnahmen muss natürlich entsprechend von den Verantwortlichen im Marketing geplant werden. Damit gilt die Hypothese zehn als verifiziert.

H11	Sponsoringmaßnahmen werden nicht mehr nur für kommunikative Maßnahmen genutzt, sondern werden wie bei Marketingkooperationen in den gesamten Marketing-Mix integriert.

Mit der Hypothese elf soll geprüft werden, ob Sponsoringmaßnahmen nicht mehr nur für kommunikative Maßnahmen genutzt werden, sondern wie Marketingkooperationen in den gesamten Marketing-Mix integriert werden. Zweifellos stehen für viele Unternehmen beim Sponsoring die kommunikativen Maßnahmen im Fokus.[232] Nichtsdestotrotz ist den Befragten aber auch die Bedeutung der Verbindung mit weiteren Maßnahmen bewusst. So wurde die Vernetzung des Sponsorings mit weiteren Maßnahmen sogar als „Kernelement eines erfolgreichen Sponsorings"[233] bezeichnet. Neben der einfachen Logointegration sind übergreifende Maßnahmen zur Aktivierung z.T. sogar zwingend notwendig, damit

229 Experteninterview mit van Marwick, M., Toyota, 16.01.2009
230 Vgl. Experteninterview mit Arnold, G., Premiere, 19.01.2009
231 Experteninterview mit van Marwick, M., Toyota, 16.01.2009
232 Vgl. Experteninterview mit Voigt, D., Hugo Boss, 16.02.2009, auch: vgl. Experteninterview mit van Marwick, M., Toyota, 16.01.2009
233 Experteninterview mit van Marwick, M., Toyota, 16.01.2009

Zielsetzungen fern von der „bloßen" Bekanntheitssteigerung erfüllt werden können. Dennoch ist eine Integration des Sponsorings nicht immer in allen Bereichen möglich. Bei Siemens verhilft die Abbildung des Logos des gesponserten Fußballvereins auf der Umverpackung bspw. nicht, um mehr Produkte zu verkaufen. Auch aus preispolitischer Sicht gibt es von der Unternehmensseite keine Möglichkeiten, Rabatte o.ä. mit einzukalkulieren.[234] Mit diesem Umstand sind allerdings auch die Partner in einer Marketingkooperation konfrontiert.[235] Nicht jede Kooperation ist darauf ausgelegt und dafür geeignet, in alle Bereiche des Marketing-Mixes integriert zu werden. Die Antworten belegen jedoch, dass eine Vernetzung der Sponsoringmaßnahmen in übergreifende Bereiche des Marketing-Mixes nur förderlich sein kann.[236] Vor diesem Hintergrund kann diese Hypothese bestätigt werden.

H12	Ohne die Integration von Sponsoring und Marketingkooperationen in weitere Elemente des Marketing-Mixes wird das Potenzial der Partnerschaft nicht voll ausgeschöpft,

Die Behauptung zwölf, dass ohne die Integration von Sponsoring und Marketingkooperationen in weitere Elemente des Marketing-Mixes, das Potenzial einer Partnerschaft nicht voll ausgeschöpft würde, wird von VAN MARWICK auf Anhieb bestätigt: „Also Sponsoring allein ist gut und schön, wenn man einen Kooperationsvertrag mit einem Partner abschließt. Doch wenn dieses Thema nicht 360° im Unternehmen vernetzt wird, kann das Erfolgspotenzial nicht voll ausgeschöpft werden."[237] Letztendlich taucht auch hier wieder die Frage auf, welche Zielsetzungen mit dem Sponsoring verfolgt werden. Die Unternehmen, die ausschließlich kommunikative Zielsetzungen verfolgen, sollten alle Möglichkeiten an Maßnahmen ausschöpfen. D.h. also auch im Bereich Kommunikation übergreifende Maßnahmen zur Aktivierung des Sponsorships auszunutzen. Bei komplexeren Ziel-Bündeln sollten dagegen auch die anderen Marketinginstrumente möglichst umfassend ausgestaltet werden.[238] So reicht es für das Unternehmen BMW nicht aus, reines Titelsponsoring zu betreiben. Damit das Sponsoring glaubwürdig ist, sollten diese Engagements auch in andere Bereiche einfließen.[239] Auch wenn die vorige Prüfung gezeigt hat, dass das Integrationspotenzial nicht für alle Unternehmen in allen Bereichen des Marketing-Mixes gleich ist, so sollten zumindest bestehende Möglichkeiten für die

[234] Vgl. Experteninterview mit Mitarbeiter der Sponsoringabteilung der Siemens AG, 21.01.2009
[235] Vgl. Experteninterview mit Sewald, M., SEB, 16.01.2009
[236] Vgl. Experteninterview mit van Marwick, M., Toyota, 16.01.2009
[237] Experteninterview mit van Marwick, M., Toyota, 16.01.2009
[238] Vgl. Experteninterview mit Thun, S., ND&T, 02.02.2009
[239] Vgl. Experteninterview mit Cartsburg, C., BMW, 09.01.2009

Ausgestaltung geprüft werden. Dementsprechend kann auch diese Behauptung bestätigt werden.

H13	Weder Marketingkooperationen noch Sponsoring werden als losgelöste Maßnahmen umgesetzt.

Aus der Annahme, dass das Potenzial einer Partnerschaft erst bei der Integration einer Marketingkooperation oder eines Sponsorings in weitere Elmente des Marketing-Mixes ausgeschöpft wird, ergibt sich die zu prüfende Vermutung, dass die Unternehmen weder Marketingkooperationen noch Sponsoring als losgelöste Maßnahmen umsetzen (H13). Seitens des Sponsorings bedeutet das bspw., dass die Unternehmen nicht mehr nur die klassischen Maßnahmen wie die Logointegration auf dem Trikot oder die Bandenwerbung durchführen, sondern zusätzlich Begleitmaßnahmen umsetzen. Selbst wenn die Zielsetzung „nur" darin besteht, die Bekanntheit des Unternehmens zu steigern, können neben der Logointegration Maßnahmen implementiert werden, die zur Erfüllung dieser Zielsetzung beitragen. In den Interviews wurde jedoch deutlich, dass nicht alle Unternehmen, das Sponsoring umfassend ausgestalten. So wird die Bandenwerbung beim Sponsoring z.T. lediglich als Form der Werbung genutzt. In diesem Fall wird das Unternehmenslogo bspw. mit dem Thema Fußball emotional in Verbindung gebracht. Dabei ist es häufig auch weniger interessant mit welchem spezifischen Fußball-Verein sich das Unternehmen in Verbindung bringt. Hier wird einfach die Reichweite dieses Mediums genutzt, ohne weitere Maßnahmen zu initiieren.[240] So wird das Instrument Sponsoring also teilweise auch losgelöst als Einzelmaßnahme durchgeführt. Die Hypothese dreizehn lässt sich daher nicht verifizieren.

[240] Vgl. Experteninterview mit Welge, R., comdirect, 15.01.2009

Abbildung 19 – Überprüfung der Hypothesen

Nr.	Hypothese	
Zielsetzung		
H1	Der Ausgangspunkt einer Kooperation sollte nicht die Gestaltung eines Maßnahmenpakets, sondern die Zielsetzungen der Partner sein.	✓
H2	Unternehmen, die Sponsoring durchführen, verfolgen wie bei Marketingkooperationen vermehrt auch vertriebliche Zielsetzungen.	✓
Konzeption		
H3	Kooperationskonzepte sind erfolgreicher, wenn sie von beiden Kooperationspartnern gemeinsam entwickelt werden.	✓
H4	Konzepte von Marketingkooperationen werden derzeit noch häufiger als beim Sponsoring gemeinsam entwickelt.	✓
H5	Unternehmen fordern maßgeschneiderte Konzepte, die aufzeigen, inwieweit eine Marketingkooperation oder ein Sponsoring-Engagement auf die unternehmensspezifischen Zielsetzungen einzahlt.	✓
H6	Unternehmen fordern von den Sponsoring-Anbietern zunehmend konzeptionelle Fähigkeiten.	✓
Partnerakquise		
H7	Die Partnerakquise sollte vor der Entwicklung eines konkreten Maßnahmenkatalogs erfolgen.	✓
H8	Die Auswahlkriterien für einen Partner sind auf Unternehmensseite bei Marketingkooperationen und im Sponsoring gleichermaßen abhängig von der jeweiligen Zielsetzung des Unternehmens.	✓
H9	Bei der Partnerakquise sollten meist mehrere Fit-Dimensionen übereinstimmen.	✓
Integrationsgrad		
H10	Marketingkooperationen und Sponsoring werden als etablierte Marketinginstrumente in die gesamte Marketingplanung einbezogen.	✓
H11	Sponsoringmaßnahmen werden nicht mehr nur für kommunikative Maßnahmen genutzt, sondern werden wie Marketingkooperationen in den gesamten Marketing-Mix integriert.	✓
H12	Ohne die Integration von Sponsoring und Marketingkooperationen in weitere Elemente des Marketing-Mixes wird das Potenzial der Partnerschaften nicht voll ausgeschöpft.	✓
H13	Weder Marketingkooperationen noch Sponsoring werden als losgelöste Maßnahmen umgesetzt.	✗

4.4 Interpretation der Untersuchungsergebnisse

Zu Beginn der praktischen Untersuchung wurde unterstellt, dass im theoretischen Vergleich Unterschiede herausgestellt wurden, die aus Sicht der Praxis möglicherweise nicht bestehen. Daher sollen an dieser Stelle die Erkenntnisse aus den durchgeführten Experteninterviews zusammengefasst und mit den Ergebnissen des Theorieteils abgeglichen werden.

Zielsetzung

Die Ergebnisse der theoretischen und praktischen Untersuchung zeigen, dass die folgenden Zielsetzungen sowohl durch eine Marketingkooperation als auch durch ein Sponsoring erreicht werden können:

- Aufbau und Stärkung der Marke
- Steigerung der Glaubwürdigkeit
- Bekanntheitssteigerung
- Neukundengewinnung
- Zugang zu neuen Märkten
- Zurechenbare, erhöhte Abverkaufszahlen

Beide Instrumente lassen sich also für die unterschiedlichsten Zielsetzungen einsetzen. Es konnte gezeigt werden, dass eine Annäherung beider Instrumente insbesondere im Bereich Vertrieb stattgefunden hat. Bisher waren erhöhte Abverkaufszahlen und Zahlen über neu gewonnene Kunden nicht immer direkt auf die Sponsoringmaßnahme zurückzuführen. Die Anforderungen an den Zielbeitrag des Sponsorings sind jedoch nachweislich gestiegen und haben zu einer starken Annäherung der Instrumente in dieser Vergleichsdimension geführt.

Konzeption

Die theoretische und praktische Untersuchung hat gezeigt, dass die Konzeptionsphase einer Marketingkooperation und eines Sponsorings derzeit noch nicht gleich abläuft. Der entscheidende Unterschied liegt in der Konzeptausgestaltung, die beim Sponsoring häufig allein von den Unternehmen selbst ausgeführt werden muss. Dennoch existiert seitens der Unternehmen, die ein Sponsoringengagement durchführen, der Wunsch nach einer stärkeren Angleichung zum Instrument Marketingkooperation. Folgende Aspekte sollten die Vereine und Organisationen in Zukunft berücksichtigen:

- Wunsch nach gemeinsamer Konzeptausgestaltung
- Konzepte, die auf die spezifischen Unternehmenszielsetzungen einzahlen
- Individuelle und kreative Konzepte anstatt standardisierte Ansätze

Die Unternehmen fordern, dass die Vereinen und Organisationen in Zukunft individuelle und kreative Konzepte präsentieren bzw. sich stärker bei der Konzeptausgestaltung einbringen. Nach Einschätzung der befragten Unternehmensvertreter sind Sponsoringkonzepte erfolgreicher, wenn die Kooperationsidee von den Beteiligten gemeinsam ausgestaltet werden. Genauso erfolgreich wie gemeinsam ausgestaltete Maßnahmen können aber auch maßgeschneiderte Konzepte sein, die zwar nicht gemeinsam entwickelt werden, aber entgegen standardisierter Pakete speziell auf das Unternehmen und die entsprechenden Zielsetzungen zugeschnitten sind. Fertig ausgearbeitete, nicht abänderbare Konzepte werden diesem Anspruch nicht gerecht. Da derzeit aber immer noch zahlreiche standardisierte Kooperationsangebote verschickt werden, kommt es immer wieder dazu, dass die Unternehmen einen Großteil der erhaltenen Angebote ablehnen. Fakt ist, dass bei der Konzeption einer Marketingkooperation derzeit eine tiefere Art der Zusammenarbeit besteht als beim Sponsoring. In Zukunft ist allerdings davon auszugehen, dass die Sponsoring-Nehmer dieser Anforderung gerecht werden. Damit ist eine von einer fortschreitenden Annäherung in der Konzeption auszugehen.

Partnerakquise

Die praktische Untersuchung hat ferner gezeigt, dass die Entscheidungskriterien für die Bewertung eines Kooperationsangebots von den Zielsetzungen der jeweiligen Unternehmen abhängen. Fakt ist, dass der passende Partner sowohl in einer Marketingkooperation als auch in einem Sponsoringengagement aus den zahlreichen Alternativangeboten herausgefiltert werden muss. Nicht allein die Maßnahme ist entscheidend für den Erfolg der Kooperation, sondern auch mit welchem Partner die Maßnahmen ausgeführt werden.

Die Untersuchungen haben ergeben, dass es in dieser Vergleichsdimension viele Übereinstimmungen gibt. Bei der Partnerauswahl beider kooperativer Marketing-instrumente stehen die folgenden Entscheidungskriterien im Mittelpunkt:

- Zielgruppenfit
- Produktfit
- Imagefit
- Vetrieblicher Fit
- Persönlicher Fit

Der Schwerpunkt bei der Partnerwahl liegt jeweils auf dem Kriterium, das den höchsten Zielbeitrag verspricht. Da die Unternehmen, die Sponsoring durchführen, nun vermehrt auch vertriebliche Zielsetzungen verfolgen, berücksichtigen sie immer häufiger auchn vertrieblichen Fit zum Partner. Außerdem besteht der Wunsch in Zukunft stärker mit den Vereinen und Organisationen zusammenzuarbeiten und Konzepte gemeinsam auszugestalten. Daher wird auch das Bewertungskriterium der *persönlichen Chemie* für Sponsoren an Bedeutung gewinnen. Denn bei einer intensiveren Zusammenarbeit müssen die Partner auf persönlicher Ebene harmonisieren. Damit ist künftig von einer noch stärkeren Annäherung der kooperativen Instrumente in dieser Dimension auszugehen.

Integrationsgrad

Die Expertenbefragung hat gezeigt, dass Marketingkooperationen und Sponsoring zwei auf vielfältige Art ausgestaltbare Instrumente sind. Sie können praktisch in den gesamten Marketing-Mix einbezogen werden. Obwohl das Instrument Sponsoring in der Theorie der Kommunikationspolitik zugeordnet wird, werden Sponsoringmaßnahmen nicht mehr ausschließlich kommunikativ verwertet. Die Unternehmen haben erkannt, dass das Potenzial der Partnerschaft erst durch eine übergreifende Integration des Instruments voll ausgeschöpft wird.

Somit können sowohl Marketingkooperationen als auch Sponsoringmaßnahmen erfolgreich in die folgenden Mix-Instrumente integriert werden:

- Kommunikationspolitik
- Produktpolitik
- Preispolitik
- Distributionspolitik

Für die Sponsoren ist der Bereich Vertrieb bei der Umsetzung von begleitenden Transfermaßnahmen besonders wichtig geworden. Da die Unternehmen vermehrt vertriebliche Anforderungen an das Instrument Sponsoring stellen, ist eine Vernetzung insbesondere im Vertrieb von Bedeutung. In den Bereichen Preis und Produkt gibt es dagegen nicht für jedes Unternehmen die entsprechenden Möglichkeiten der Vernetzung. Das gilt allerdings auch für Marketingkooperationen. Nicht für jedes Unternehmen ist bspw. eine Co-Promotion geeignet. Ein Hersteller einer exklusiven Modemarke hat preispolitisch bspw. wenig Spielräume, da durch eine Reduzierung des Preises auch die Qualität in Frage gestellt werden könnte. Dennoch zeigt die praktische Untersuchung, dass eine übergreifende Integration der Kooperation nur förderlich sein kann.

Die Tatsache, dass es dennoch Unternehmen gibt, die das Sponsoring als losgelöste Maßnahme einsetzen, zeigt indes, dass sich die Instrumente in den Augen der Unternehmensvertreter in der Praxis noch nicht angenähert haben. Oft wird das Instrument ausschließlich als reichweitenstarke Form der Werbung genutzt. Diesen Unternehmen fehlt es bislang an Ideen, wie sie das Sponsoring für andere Zielsetzungen als die Bekanntheitssteigerung nutzen können. Das Potential für eine übergreifende Integration ist jedoch vorhanden. Um für die Aktivierung des Sponsorings noch mehr Möglichkeiten zu schaffen, sind die Sponsoring-Nehmer gefragt, die den Unternehmen vermehrt übergreifende Integrationsmöglichkeiten in den Bereichen Produkt, Preis und Vertrieb präsentieren sollten. Die Folge wäre eine noch stärkere Annäherung der beiden kooperativen Instrumente.

5. Handlungsempfehlungen für die Anwendung kooperativer Marketinginstrumente

Auf Basis der theoretischen und praktischen Untersuchung werden in diesem Kapitel die Möglichkeiten dargestellt, die sich aus der Annäherung der Instrumente ergeben. Die nachfolgend aufgezeigten Handlungsempfehlungen richten sich zum einen an die Initiatoren einer kooperativen Marketingmaßnahme und dabei insbesondere an Sponsoring-Nehmer, denen präsentiert werden soll, wie sie ihre Sponsoringangebote erfolgreicher machen können. Zum anderen richten sie sich an die respondierenden Partner, also die Unternehmen, denen ein Kooperationsangebot unterbreitet wird. Diesen Unternehmen soll gezeigt werden, wie sie den richtigen Partner herausfiltern, um ihr Wachstumspotenzial bestmöglich auszuschöpfen und die Wettbewerbsposition zu stärken.

5.1 Implikationen für die Initiatoren einer Kooperation

Von Beginn an sollten sich die Initiatoren kooperativer Marketingmaßnahmen stärker in die Position des Partners hineinversetzen und in der Konzeption die spezifischen Zielsetzungen berücksichtigen.

Sowohl für Initiatoren einer Marketingkooperation als auch für Initiatoren eines Sponsorings ist es wichtig, dass sie zu Beginn nicht nur ihre persönlichen Zielsetzungen erörtern, sondern überlegen, welche Vorteile sich durch den eigenen Beitrag für den Partner realisieren lassen. Diese Vorteile lassen sich allerdings nur herausstellen, wenn die Zielsetzungen des Gegenübers bekannt sind. Insbesondere für Sponsoring-Anbieter bedeutet dies, dass sie sich vor dem Versenden der Angebote stärker auf die individuellen Zielsetzungen der Unternehmen konzentrieren müssen als auf die detaillierte Erarbeitung von Maßnahmen. Nicht alle Unternehmen verfolgen einheitlich das Ziel der Bekanntheitssteigerung. Für einen potenziellen Sponsor muss klar ersichtlich sein, dass durch die Realisierung des vorgeschlagenen Projekts auch andere, individuelle Zielsetzungen erfüllt werden können. Mit dem Wissen um die jeweiligen Ziele des Partners können die Sponsoring-Nehmer diese in der Ansprache berücksichtigen und ihn bei der ersten Kontaktaufnahme von der Kooperationsidee überzeugen und schließlich für sich gewinnen. Gleiches gilt für potenzielle Partner einer Marketingkooperation. Ihnen muss aufgezeigt werden, wie sich durch die Zusammenarbeit die Zielsetzungen erfüllen lassen.

Die Sponsoring-Nehmer sollten ihre konzeptionellen Fähigkeiten ausbauen und ihren Partnern maßgeschneiderte Konzepte präsentieren.

Als Voraussetzung für die Erstellung individualisierter Angebote sollten die Sponsoring-Nehmer vermehrt konzeptionelle Fähigkeiten entwickeln. Diese Fähigkeiten umfassen ein ganzheitliches, zukunftsgerichtetes Denken und die Kreativität, Strategien zur Zielerreichung zu entwerfen.[241] Das bedeutet, dass die geförderten Vereine und Organisationen selbst in der Lage sein sollten, individuelle Maßnahmen zu erarbeiten, mit denen die spezifischen Zielsetzungen der Unternehmen erreicht werden können. Sie sollten also nicht nur einfach Orte für die Platzierung des Logos anbieten, sondern innovative Möglichkeiten der Einbindung schaffen. In ihren Angeboten sollten die Sponsoring-Nehmer verdeutlichen, inwieweit die Maßnahmen zur Zielerreichung beitragen. Je umfangreicher die Fähigkeiten bei der Konzeptentwicklung sind, desto besser ist der Eindruck, den die Partner von dem Verein oder der Organisation haben. Das wirkt sich vorteilhaft auf die spätere Zusammenarbeit aus. Wenn die Sponsoring-Nehmer diese Fähigkeiten selbst nicht besitzen, bzw. aus Zeitgründen nicht ausbilden können, sollten sie diese Dienstleistung extern einkaufen. Auch wenn sie in diesem Fall zusätzliche Gelder bereitstellen müssen, ist der Versand maßgeschneiderter Konzepte sehr viel erfolgversprechender als standardisierte Ansätze.

Die Sponsoring-Nehmer sollten in ihren Angeboten stärker auf die Vertriebsmöglichkeiten eingehen.

Sponsoring-Nehmer sollten in ihren Konzepten, die sie den Unternehmen präsentieren, nicht ausschließlich mediale Bewertungen einbeziehen, sondern auch auf andere Zielsetzungen eingehen. Vor allem Unternehmen mit einer hohen Markenbekanntheit legen den Fokus nicht auf das primäre Sponsoring-Ziel der Bekanntheitssteigerung. Am Ende einer Marketingaktion steht immer die Frage, wie viel mehr Umsatz generiert werden konnte. Fakt ist, dass den Sponsoring-Aktivitäten häufig hohe monetäre Investitionen zugrunde liegen, die schlussendlich zeigen müssen, inwiefern sie zur Erreichung der Ziele beigetragen haben. Eine Umsatzsteigerung über erhöhte Bekanntheit kann dagegen nicht direkt auf das Sponsoring zurückgeführt werden. Daher sollten Sponsoringangebote im Idealfall genau aufzeigen, welche Auswirkungen die Aktivitäten auf den Vertrieb haben und wie viele Produkte durch die Partnerschaft mehr verkauft werden können. Die Ge-

[241] Vgl. Hinterhuber, H.H.; Handlbauer, G.; Matzler, K. (2003), S. 168

genleistung sollte messbar sein. Möglicherweise lässt sich über die Kanäle des Sponsoring-Nehmers eine festgelegte Anzahl von Produkten vertreiben. Denkbare Ansätze hierfür sind exklusive Vertriebsrechte des Produkts auf einer gesponserten Veranstaltung oder Produktverkäufe über die Internetseite eines Vereins oder einer Organisation.

In ihren Konzepten sollten die Initiatoren einer Kooperation unterschiedliche Maßnahmen aufzeigen, die zur Erreichung mehrerer spezifischer Zielsetzungen beitragen.

Es steht außer Frage, dass die Zielsetzungen der Unternehmen nicht immer bekannt sind bzw. nach außen kommuniziert werden. Daher sollten die Initiatoren einer Kooperation in ihren Angeboten möglichst mehrere Ansätze für Maßnahmen aufnehmen, die im Rahmen einer gemeinsamen Partnerschaft vorstellbar sind. Diese verschiedenen Vorschläge sollten so visualisiert und präsentiert werden, dass der Zielbeitrag erkennbar ist. Es sollten mehrere Vorschläge an Handlungen visualisiert und präsentiert werden, die unterschiedliche Zielsetzungen erfüllen können. Einen Partner, der z.B. die Zielsetzung der Erschließung neuer Vertriebswege verfolgt, würde also eine vertriebsorientierte Maßnahme ansprechen. Das könnte möglicherweise die Option der Nutzung des Vertriebskanals des Initiators sein. Für Partner, die kommunikative Zielsetzungen anstreben, erscheinen dagegen diejenigen Maßnahmen attraktiv, deren Botschaft möglichst viele Kunden aufmerksamkeitsstark erreicht. Diese Vorgehensweise verdeutlicht ferner, dass auch durch eine Kombination der Maßnahmen komplexere Ziele erreichbar werden können. Außerdem wird die Gestaltbarkeit der Kooperation kommuniziert. Auf diese Weise gewinnt der Partner den Eindruck, dass er auch selbst noch einen Einfluss auf die Ausgestaltung der Kooperation hat und eigene Ideen einbringen kann. Sowohl Angebote für Marketingkooperationen als auch Angebote für Sponsoring-Engagements werden durch die aufgezeigte Vielfältigkeit an möglichen Maßnahmen erfolgreicher.

Für die Ausgestaltung der Maßnahmen sollten die Initiatoren die dafür benötigten Ressourcen aufzeigen.

Vor der Entscheidung für eine Kooperation ist in der Regel das einzuplanende Budget ein wichtiges Entscheidungskriterium. Für die Ausgestaltung und die vielschichtige Aktivierung der Partnerschaft auf mehreren Ebenen sind finanzielle Ressourcen erforderlich. So nützt es den Sponsoren bspw. nicht, Nutzungsrechte für die Verwertung teuer zu erwerben, wenn später keine Gelder für die Ausgestaltung der Maßnahmen zur Verfügung stehen. Trotz der Möglichkeit, über eine Marketingkooperation Kosten einzusparen, müssen auch hier für die spätere Umsetzung Gelder aufgewendet werden. Daher sollten die Initiatoren einer Kooperation in beiden Fällen einen ungefähren budgetären Rahmen in ihren Angeboten kommunizieren. Damit sich die Unternehmen auf eine Partnerschaft einlassen, sollten sie die Initiatoren in klare Kenntnis über die anfallenden Kosten im Laufe der Partnerschaft setzen.

Die Initiatoren einer Kooperation sollten sich darauf einstellen, die konkreten Maßnahmen gemeinsam mit den Unternehmen auszugestalten.

Gemeinsam mit dem identifizierten Partner sollte das grobe Konzept später detailliert ausgestaltet werden. Damit letztlich Win-Win-Situationen geschaffen werden, sollten die Sponsoring-Nehmer die konkreten Maßnahmen zusammen mit den Unternehmen erarbeiten. Auf Basis des Grundkonzeptes werden in den Verhandlungen über die Leistungen und Gegenleistungen Aktionen geplant, die am Ende die eigenen Zielsetzungen erfüllen. Bei einer gemeinsamen Ausgestaltung bedeutet dies, dass sich die Maßnahmen auch auf die beidseitigen Zielsetzungen auszahlen. Diese Handlungsempfehlung setzt vor allem ein Umdenken der Sponsoring-Nehmer voraus, die bisher lediglich die Ansätze liefern ohne sich um die spätere Konkretisierung der Maßnahmen zu bemühen. Darüber hinaus ergänzen sich die kreativen Kompetenzen bei einer gemeinsamen Ausgestaltung, sodass das Potenzial einer Maßnahme bestmöglich ausgeschöpft werden kann.

5.2 Implikationen für den respondierenden Partner

Die Partner sollten zur Beurteilung der Kooperationsangebote ihre Bewertungskriterien von den Zielsetzungen ableiten.

Damit auch die Unternehmen, welche die Kooperationsangebote erhalten, ihre festgelegten Zielsetzungen erreichen, sollten sie bei der Wahl des passenden Partners sowohl vor dem Eingehen einer Marketingkooperation als auch zu Beginn eines Sponsorings die relevanten Bewertungskriterien festlegen. In Abhängigkeit der Zielsetzungen sollten sie ein Anforderungsprofil an den Partner aufstellen. Darin sollte deutlich werden, welche Kriterien der Partner unbedingt erfüllen muss. Bei einer angestrebten Bekanntheitssteigerung müsste der Partner bspw. über eine Zielgruppe verfügen, in der das Unternehmen noch nicht ausreichend bekannt ist. Liegt das Ziel dagegen in der Neukundengewinnung, muss der Partner entsprechende Vertriebskanäle besitzen, über die neue Kunden akquiriert werden können. Das Angebot ist also grundsätzlich nicht nach der Kreativität der Maßnahmen zu bewerten, sondern nach dem erwarteten Erfüllungsgrad der Zielsetzung. Wenn unterschiedliche Ziele erreicht werden sollen, muss der Partner auch mehrere Anforderungen erfüllen. Es müssen verschiedene Kriterien zutreffen. Der Schwerpunkt der Fit-Analyse sollte immer in den Dimensionen stattfinden, die für die Unternehmen relevant sind.

In der Partnerauswahl sollten potenzielle Sponsoren vermehrt auch die persönliche Chemie zum Sponsoring-Nehmer in ihre Entscheidung einbeziehen.

Neben der Erfüllung der Kriterien zur Erreichung der Ziele sollten die Unternehmen auch auf persönlicher Ebene zueinander passen. Insbesondere potenzielle Sponsoren sollten bedenken, dass wenn sie in Zukunft die Maßnahmen gemeinsam mit den Sponsoring-Nehmern ausgestalten, auch die persönliche Chemie von Bedeutung ist. D.h., dass sie sich grundsätzlich auf einer Wellenlänge mit den Ansprechpartnern des Vereins oder der Organisation befinden sollten. Wenn über die gesamte Partnerschaft hinweg Abstimmungen und Gespräche notwendig werden, handelt es sich um eine engere Zusammenarbeit. Daher sollte neben den anderen zielabhängigen Kriterien auch der „persönliche Fit" berücksichtigt werden.

Die Partner sollten die Kooperation hinsichtlich der Einsatzmöglichkeiten im gesamten Marketing-Mix prüfen, um das Potenzial der Partnerschaft voll auszuschöpfen.

Je nachdem welche Zielsetzung die Unternehmen verfolgen, sollten sie prüfen, inwieweit eine Marketingkooperation oder ein Sponsoringengagement im Marketing-Mix ausgestaltet werden kann. Grundsätzlich sollten alle Bereiche aktiviert werden, die zur Erfüllung der Zielsetzungen beitragen. Je höher der Integrationsgrad ist, umso glaubwürdiger erscheint die Partnerschaft in den Augen der Kunden und desto erfolgreicher ist auch die Kooperation. Auch wenn ein Unternehmen, das Sponsoring durchführt, ausschließlich kommunikative Zielsetzungen verfolgt, sollten sämtliche Maßnahmen durchgeführt werden, die zur Erreichung dieses Ziels beisteuern. Für eine optimale Ausgestaltung sind also alle relevanten Bereiche des Marketing-Mixes hinsichtlich der Einsatzmöglichkeit zu überprüfen. Nur auf diese Weise lassen sich Multiplikator-Effekte realisieren. Im Allgemeinen sollten Kooperationsmaßnahmen möglichst nicht losgelöst von anderen begleitenden Aktivitäten eingesetzt werden, da sich damit die gewünschte Wirkung i.d.R. nicht erreicht werden kann. Das Potenzial einer Partnerschaft würde dabei nicht vollständig ausgeschöpft.

Die Unternehmen sollten sich auf wenige bedeutsame Kooperationen konzentrieren.

Bei einer Vielzahl unkoordinierter, nicht im Zusammenhang stehender Partnerschaften geht der rote Faden verloren und die Kunden reagieren mit entsprechender Verunsicherung. Daher sollten sich die Unternehmen auf einige wenige, aber passende Partnerschaften fokussieren. Mit dem Eingehen mehrerer zeitgleicher Kooperationen besteht außerdem die Gefahr negativer Abstrahleffekte unter den Kooperationspartnern. Besonders bei Sponsoring-Maßnahmen würde bei der Förderung mehrerer Engagements das Budget fehlen, das für eine Ausgestaltung erforderlich ist. Wenn eine Partnerschaft dagegen als Themenlieferant für weitere Maßnahmen genutzt wird, wirkt sich das positiv auf den Erfolg der Kooperation aus.

6. Schlussbetrachtung und Ausblick

Zweifellos konnten in dieser Arbeit zahlreiche Berührungspunkte von Marketingkooperationen und Sponsoring aufgedeckt werden, die aus einer gesteigerten Annäherung resultieren.

Im Blick auf die Zielsetzung hat die theoretische und praktische Untersuchung bewiesen, dass immer mehr Unternehmen umfassendere Anforderungen an den Zielbeitrag von Sponsoringmaßnahmen stellen. Tatsächlich stehen heutzutage nicht mehr ausschließlich kommunikative Zielsetzungen im Mittelpunkt. Idealerweise leisten die Maßnahmen wie bei Marketingkooperationen auch einen direkten Beitrag zu den Vertriebszielen. Das liegt vor allem daran, dass die Unternehmen mit dem Einsatz des Instruments Sponsoring erhöhte Abverkäufe generieren wollen, um die Absatz-, und Umsatzzahlen zu steigern. Dafür muss die Gegenleistung eines Engagements immer eindeutig zurechenbar sein. Die Aussage von GEBERT bekräftigt diese Feststellung: „Wenn jemand ein nicht unerhebliches Budget in die Hand nimmt und es in Sport steckt, will er künftig genau wissen, wie viel Produkte mehr er dadurch verkauft.“[242] Die Untersuchung der Konzeptionsphase hat neben Gemeinsamkeiten auch bestehende Unterschiede herausgestellt: Tatsächlich werden Sponsoringkonzepte überwiegend noch in Form standardisierter Pakete angeboten. Wenn eine Maßnahmen jedoch nicht spezifisch auf die Unternehmen zugeschnitten werden, lassen sich individuellen Ziele nur schwer erreichen. Im Gegensatz dazu werden Konzepte für Marketingkooperationen überwiegend gemeinsam entwickelt und ausgestaltet. Auf diese Weise entstehen Konzeptionen, die auf die beidseitigen Zielsetzungen einzahlen. Bei der Partnerwahl dagegen ähneln sich die Herangehensweisen stark. Die zugrunde liegenden Entscheidungskriterien sind in beiden Fällen von der entsprechenden Zielsetzung des Unternehmens abhängig. Je nachdem welche Zielsetzung im Vordergrund steht, ist bei der erdachten Maßnahme später der Integrationsgrad zu bestimmen. Sowohl Marketingkooperationen als auch Sponsoringmaßnahmen, die eigentlich als klassisches Kommunikationsinstrument gelten, werden heute mit Erfolg übergreifend in den gesamten Marketing-Mix integriert. Ähnlichkeiten konnten in allen Vergleichsdimensionen identifiziert werden.

Mit dem Wissen um die Entwicklungen des Instruments Sponsoring wurden aus der theoretischen Untersuchung Hypothesen abgeleitet, die praktisch überprüft und als Grundlage der Handlungsempfehlungen genutzt wurden. Diese praktischen Hinweise

[242] Gebert, T. (2009), zitiert in: Hebben, M. (2009), S. 6

richten sich sowohl an die Initiatoren einer kooperativen Marketingmaßnahme als auch an die respondierenden Partner, denen ein Kooperationsangebot unterbreitet wird.

Um Kooperationsangebote erfolgreicher zu machen, sollten sich die Initiatoren einer Marketingkooperation und eines Sponsorings in Zukunft von Anfang an stärker in die Situation des Partners hineinversetzen. Sie müssen sich darüber bewusst werden, dass nicht alle Unternehmen das einheitliche Ziel der Bekanntheitssteigerung verfolgen. Demnach müssen die Konzepte unterschiedliche Maßnahmen aufzeigen, die zur Erreichung mehrere spezifischer Zielsetzungen beitragen. Gleichzeitig sollen die Partner das Gefühl erhalten, dass sie die Möglichkeit haben sich aktiv an der detaillierten Konzeptausgestaltung zu beteiligen, dass auch sie eigene Ideen einfließen lassen können. Schließlich sollte die finale, detaillierte Maßnahmengestaltung gemeinsam mit dem Partner stattfinden. Die Erwartungshaltung der Sponsoren liegt eindeutig im Ausbau der konzeptionellen Fähigkeiten von Vereinen und Organisationen. Diese sollen gegebenenfalls verstärkt auf die Vertriebsmöglichkeiten eingehen und die benötigten Ressourcen aufzeigen. Die respondierenden Partner sollten indes ihre Bewertungskriterien davon abhängig machen, inwieweit sich mit dem Konzept des Partners die Zielsetzungen erfüllen lassen. Um möglichst viel Budget für die Ausgestaltung einer Kooperation zur Verfügung zu haben, sollten sie sich auf wenige Partnerschaften konzentrieren. Dadurch kann das Potenzial der gewählten Partnerschaft voll ausgeschöpft werden und eine übergreifende Integration im gesamten Marketing-Mix ist möglich.

Das zentrale Ziel dieser Arbeit bestand darin, Gemeinsamkeiten und Unterschiede zwischen Marketingkooperationen und Sponsoring zu identifizieren, um daraus spezifische Handlungsempfehlungen für die Kooperationsverantwortlichen aus der Unternehmenspraxis zu erarbeiten. Die zahlreichen Gemeinsamkeiten rechtfertigen die Entwicklung der übergeordneten Definition *Kooperative Marketinginstrumente*. Ebenso konnte gezeigt werden, dass in Zukunft von einer fortschreitenden Annäherung der Instrumente Marketingkooperation und Sponsoring auszugehen ist, wenn die Handlungsempfehlungen Anwendung finden und die Unternehmen künftig intensiver zusammenarbeiten und Ihre verfolgten Zielsetzungen klar äußern. Nur so können Konzepte entwickelt werden, die zur Erreichung der beidseitigen Ziele beitragen.

Literaturverzeichnis

Bücher:

Adjouri, N.; Stastny, P. (2006): Sport-Branding: Mit Sport-Sponsoring zum Markenerfolg, 1. Auflage, Wiesbaden 2006.

Ahlert, D.; Woisetschläger, D.; Vogel, V. (Hrsg.) (2007): Exzellentes Sponsoring: Innovative Ansätze und best Practices für das Markenmanagement, Wiesbaden 2007.

Balling, R. (1997): Kooperation: strategische Allianzen, Netzwerke, Joint-Ventures und andere Organisationsformen zwischenbetrieblicher Zusammenarbeit in Theorie und Praxis, Frankfurt am Main u.a. 1997.

Baumgarth, C. (2001): Markenpolitik: Markenwirkungen- Markenführung- Markencontrolling, Wiesbaden 2001.

Becker, J. (1998): Marketing-Konzeption: Grundlagen des Strategischen und Operativen Marketing-Managements, 6., vollständig überarbeitete und erweiterte Auflage, München 1998.

Belz, C.; Schögel, M.; Tomczak, T. (2007): Innovation Driven Marketing: Vom Trend zur innovativen Marketinglösung, Wiesbaden 2007.

Belz, F.; Bilharz, M. (Hrsg.) (2005): Nachhaltigkeits-Marketing in Theorie und Praxis, Wiesbaden 2005.

Benisch, W. (1973): Kooperationsfibel – Bundesrepublik und EWG, 4., neubearbeitete und erweiterte Auflage, Bergisch Gladbach 1973.

Benkenstein, M.; Beyer, T. (2005): Kooperationen im Marketing, in: Zentes, J.; Swoboda, B.; Morshett, D. (Hrsg.): Kooperationen, Allianzen und Netzwerke: Grundlagen- Ansätze- Perspektiven, 2. Auflage, Wiesbaden 2005, S. 797-819.

Berndt, R.; Hermanns, A. (Hrsg.) (1993): Handbuch Marketing-Kommunikation, Wiesbaden 1993.

BMWT (Hrsg.) (2008): GründerZeiten Nr. 11, Thema: Kooperationen, 7/2008, Berlin 2008.

Bogner, A.; Littig, B.; Menz, W. (Hrsg.) (2005): Das Experteninterview: Theorie, Methode, Anwendung, 2. Auflage, Wiesbaden 2005.

Bortoluzzi Dubach, E.; Frey, H. (2007): Sponsoring: Der Leitfaden für die Praxis, Bern u.a. 1997.

Brockes, H.W. (2002): Sponsoren gewinnen leicht gemacht: Praxisleitfaden für Vereine, Planegg 2002.

Bruhn, M. (2005): Kooperationen im Dienstleistungssektor, in: Zentes, J.; Swoboda, B.; Morshett, D. (Hrsg.): Kooperationen, Allianzen und Netzwerke: Grundlagen - Ansätze - Perspektiven, 2. Auflage, Wiesbaden 2005, S. 1277-1301.

Bruhn, M. (2003): Sponsoring: Systematische Planung und integrativer Ansatz, 4. Auflage, Wiesbaden 2003.

Bruhn, M. (2002): Marketing - Grundlagen für Studium und Praxis, 6., überarbeitete Auflage, Wiesbaden 2002.

Bucher, F. (2005): Öko- und Sozio-Sponsoring in der Telekommunikationsbranche, in: Belz, F., Bilharz, M. (Hrsg.): Nachhaltigkeits-Marketing in Theorie und Praxis, Wiesbaden 2005, S. 227-240.

Büttgen, M. (2003): Onlinekooperationen: Erfolg im E-business durch strategische Partnerschaften, Wiesbaden 2003.

Dudzik, T. (2006): Die Werbewirkung von Sportsponsoring, Wiesbaden 2006.

Esch, F.-R. (2007): Strategie und Technik in der Markenführung, 4. Auflage, München 2007.

Esch, F.-R. (Hrsg.) (2005): Moderne Markenführung: Grundlagen. Innovative Ansätze. Praktische Umsetzungen., 4., vollständig überarbeitete und erweiterte Auflage, Wiesbaden 2005.

FASPO (1997): Mehr Qualität und Service im Sponsoring, Hamburg 1997.

Förster, A.; Kreuz, P. (2006): Marketing Trends: Innovative Konzepte für ihren Markenerfolg, Wiesbaden 2006.

Fuchs, W.; Unger, F. (2005): Management der Marketing-Kommunikation, 3. Auflage, Berlin u.a. 2005.

Gläser, J.; Laudel, G. (2006): Experteninterviews und qualitative Inhaltsanalyse als Instrumente rekonstruierender Untersuchungen, 2. Auflage, Wiesbaden 2006.

Hermanns, A.; Marwitz, C. (2008): Sponsoring - Grundlagen - Wirkungen - Management-Markenführung, 3., vollständig überarbeitete Auflage, München 2008.

Hermanns, A.; Riedmüller, F. (2003): Sponsoring und Events im Sport, Von der Instrumentalbetrachtung zur Kommunikationsplattform, München 2003.

Hinterhuber, H.H.; Handlbauer, G.; Matzler, K. (2003): Kundenzufriedenheit durch Kernkompetenzen: Eigene Potentiale erkennen, entwickeln, umsetzen, Wiesbaden 2003.

Homburg, C.; Krohmer, H. (2003): Marketingmanagement. Studienausgabe: Strategie - Instrumente - Umsetzung - Unternehmensführung, Wiesbaden 2003.

Kiendl, S.C. (2007): Markenkommunikation mit Sport: Sponsoring und Markenevents als Kommunikationsplattform, Wiesbaden 2007.

Kotler, P.; Bliemel, F (2001): Marketing-Management, Analyse, Planung und Verwirklichung, 10., überarbeitete und aktualisierte Auflage, Stuttgart 2001.

Kotler, P.; Keller, K.L.; Bliemel, F. (2007): Marketing-Management: Strategien für wertschaffendes Handeln, 12., aktualisierte Auflage, München 2007.

Kreutzer, R.T.; Merkle, W. (2008): Die neue Macht des Marketing- Wie Sie Ihr Unternehmen mit Emotion, Innovation und Präzision profilieren, 1. Auflage, Wiesbaden 2008.

Liebmann, H.P.; Friessnegg, A.; Gruber, E.; Riedl, H. (2006): HandelsMonitor 2006/2007, Management Excellence- Unternehmensführung im Umbruch. Neue Ideen und Impulse für das Handelsmanagement, Frankfurt am Main 2006.

Martens, B.; Ritter, T. (2008): Eliten am Telefon, Baden Baden 2008.

Meffert, H. (2000): Marketing, Grundlagen marktorientierter Unternehmensführung: Konzepte - Instrumente - Praxisbeispiele, 9., überarbeitete und erweiterte Auflage, Wiesbaden 2000.

Meuser, M.; Nagel, U. (2006): ExpertInneninterviews- vielfach erprobt, wenig bedacht, in: Bogner, A.; Littig, B.; Menz, W. (Hrsg.): Das Experteninterview: Theorie, Methode, Anwendung, 2. Auflage, S. 95-112.

Meyer, T.; Schade, M. (2007): Cross-Marketing- Allianzen, die stark machen, Mit Partnern schneller erfolgreich werden, Göttingen 2007.

Michael, B.M. (2007): Erfolgsfaktoren des integrierten Marken-Sponsorings, in: Ahlert, D.; Woisetschläger, D.; Vogel, V. (Hrsg.): Exzellentes Sponsoring: Innovative Ansätze und best Practices für das Markenmanagement, Wiesbaden 2007, S. 33-52.

MTP (Hrsg.) (2006): Wahn und Sinn. Sponsoring im WM-Jahr, Münster 2006.

Pfadenhauer, M. (2005): Das Experten-Interview- ein Gespräch zwischen Experte und Quasiexperte, in: Bogner, A.; Littig, B.; Menz, W. (Hrsg.): Das Experteninterview: Theorie, Methode, Anwendung, 2. Auflage, Wiesbaden 2005, S. 113-130.

Pförtsch, W.; Müller, I. (2006): Die Marke in der Marke - Bedeutung und Macht des Ingredient Branding, Berlin u.a. 2006.

Picot, A.; Reichwald, R.; Wigand, R.T. (2001): Die grenzenlose Unternehmung: Information, Organisation und Management: Lehrbuch zur Unternehmensführung im Informationszeitalter, Wiesbaden 2003.

Püttmann, M. (1993): Das Management von Sponsoring, in: Berndt, R.; Hermanns, A. (Hrsg.): Handbuch Marketing-Kommunikation, Wiesbaden 1993, S. 649-669.

Reif, C.; Dietrich, N. (2008): Ein Marketingkonzept für Einzelsportler, München 2008.

Scharnowski, F. (2006): Co-Branding als Markenstrategie, Berlin 2006.

Schmidt, S.J. (Hrsg.) (2004): Handbuch Werbung, Münster u.a. 2004.

Schmidtchen, D. (2005): Wettbewerb und Kooperation (Co-opetition): Neues Paradigma für Wettbewerbstheorie und Wettbewerbspolitik?, in: Zentes, J.; Swoboda, B.; Morshett, D. (Hrsg.): Kooperationen, Allianzen und Netzwerke: Grundlagen- Ansätze-Perspektiven, 2. Auflage, Wiesbaden 2005, S. 65-90.

Schögel, M. (2006): Kooperationsfähigkeiten im Marketing: Eine empirische Untersuchung, Wiesbaden 2006.

Schwamborn, S. (1994): Strategische Allianzen im internationalen Marketing. Planung und portfolioanalytische Beurteilung, Wiesbaden 1994.

Seidel, H.; Temmen, R (2002): Grundlagen der Betriebswirtschaftslehre: Lerngerüst, Lerninformationen, Lernaufgaben, Berlin 2002.

Thun, S. (2007): Interview mit Simon Thun- Experte für Marketing-Kooperation, in: Meyer, T.; Schade, M. (Hrsg.): Cross-Marketing- Allianzen, die stark machen, Mit Partnern schneller erfolgreich werden, Göttingen 2007, S. 99-105.

Töpfer, A. (2005): Betriebswirtschaftslehre- Anwendungs- und prozessorientierte Grundlagen, Berlin u.a. 2005.

Vilmar, A. (2006): Marketingkooperationen- Kooperationsmarketing- Strategien und Entscheidungshilfen für die Praxis, Bonn 2006.

Walliser, B. (1995): Sponsoring: Bedeutung, Wirkung und Kontrollmöglichkeiten, Wiesbaden 1995.

Wöhe, G. (2000): Einführung in die Allgemeine Betriebswirtschaftslehre, 20. Auflage, München 2000.

Woisetschläger, D. (2006): Markenwirkung von Sponsoring- Eine Zeitreihenanalyse am Beispiel des Formel 1-Engagements eines Automobilherstellers, Wiesbaden 2006.

Wrona, T.; Schell, H. (2005): Globalisierungsbetroffenheit von Unternehmen und die Potenziale der Kooperation, in: Zentes, J.; Swoboda, B.; Morshett, D. (Hrsg.): Kooperationen, Allianzen und Netzwerke: Grundlagen- Ansätze- Perspektiven, 2. Auflage, Wiesbaden 2005, S. 323-347.

Zentes, J.; Swoboda, B.; Morshett, D. (Hrsg.) (2005): Kooperationen, Allianzen und Netzwerke: Grundlagen- Ansätze- Perspektiven, 2. Auflage, Wiesbaden 2005.

Zeitungsartikel und Zeitschriftenbeiträge

Binder, C.U. (1996): Brand Alliances- Wie Marken noch wachsen, in: absatzwirtschaft, 4/1996, S. 54-63.

Branasch, A. (2005): Champions in der Nische, in: Werben & Verkaufen, Nr. 33/2005, S. 26-28.

Brechtel, D. (2006): Wenn Marken Allianzen nutzen, in: Acquisa, 9/2006, S. 30-32.

Bortoluzzi Dubach, E. (2008): Sponsoring im Umbruch? Fünf Thesen für seine Entwicklung, in: Stiftung & Sponsoring, 3/2008, S. 40.

Bücker, M (2009): Marken agieren mit Kopf und Bauch, in: absatzwirtschaft, 1/2009, S. 52-55.

Burkhard, K.; Birwe, S. (2006): Der Fußball-Fan wird Marken-Fan, in: Marketing Journal, Sonderheft Sponsoring 2006, S. 22-24.

Cordes, M.; Schulte, P. (2006): Namingrights- innovative Form der Zielgruppen-ansprache, in: Marketing Journal Sonderheft Sponsoring 2006, S. 16-20.

Dahlhoff, D. (2006): Spezialisierter „Marketing-Einkauf", in: Marketing Journal, Sonder-ausgabe Sponsoring/2006, S. 6.

Falt, T. (2003): Sponsoring nach Maß, in: HORIZONT, Nr. 3/2003, S. 16.

Farrelly, F.; Quester, P. (2005): Investigating large-scale sponsorship relationships as co-marketing-alliances, in: Business Horizons, 48/2005, S. 55-62.

Forster, T.; Wieking, K. (2005): Gemeinsam stark, in: Werben & Verkaufen, 22/2005, S. 16-18.

Hebben, M. (2009): Pilot Sport stößt in die Lücke, in: HORIZONT, Nr. 7/2009, S. 6.

Heinemann, K. (2006): Aldi macht Hochschule, in: Süddeutsche Zeitung, 15.10.2006, S. 22.

Hermanns, A. (2001): Sponsoring 2000: Bestandsaufnahme und Perspektiven, in: Werbeforschung & Praxis, 1/2001, S. 2-5.

Hermes, V. (2007a): Kooperationsmarketing- Wer's richtig anpackt, sorgt für viele Gewinner. in: Direkt Marketing, 04/2007, S. 11-15.

Hermes, V. (2007b): Klare Ziele sind gefragt, Interview mit Dr. Answin Vilmar, in: Direkt Marketing, 04/2007, S. 18-21.

Hermes, V. (2007c): Online-Marketing-Kooperationen: Neue Kunden & mehr Umsatz im Web, in: Direkt Marketing, 04/2007, S. 22-23.

Hermanns, A.; Glogger, A. (1996): Auf dem Weg zur Professionalisierung, in: absatzwirtschaft, 11/1996, S. 102-107.

Huber, A.; Thun, S. (2007): Marktorientiertes Wachstum durch Marketingkooperationen, in: Marketing Journal, 6/2007, S. 44-47.

Hughes, J.; Weiss, J. (2007): Simple Rules for Making Alliances Work, in: Harvard Business Review, 11/2007, S. 122-131.

Lammoth, F (2005): Die Marketing-Zukunft: Multimedial. Mobil. Messbar, in: KMU-Magazin, 3/2005, S. 46-49.

Mayer, A. (2005): Bildungssponsoring – Grundlagen, Management und Entwicklungstendenzen im Überblick, in: Stiftung & Sponsoring, 4/2005, S. 26-29.

o.V. (1985): Die kleinen Alliierten. Durch Marketing-Kooperationen wachsen?, in: absatzwirtschaft, 8/1985, S. 42-48.

Papadimitriou, D.; Apostolopoulou, A.; Dounis, T. (2008): Event sponsorship as a value creating strategy for brands, in: Journal of Product & Brand Management, 4/2008, Volume 17, S. 212-222.

Reichstein, B. (2006): Sponsoringplanung: Transparenz im Sponsoringmarkt, in: Marketing Journal, Sonderheft Sponsoring 2006, S. 8-11.

Rosenberger, F. (2007): Wir sind die Premiummarke, in: HORIZONT, 01.03.2007, S. 14.

Roßmann, T.H. (2007): Exklusivsponsoring eines Fußball-Vereins als Marketingmaßnahme einer Bank, in: Marketing Journal, 6/2007, S. 28-29.

Schütz. P. (2007): Märchenprinz und Kröten: Auf der Suche nach dem richtigen Partner, in: Direkt Marketing, 04/2007, S. 24.

Schütz, P. (2001a): Weniger Prinzen unter Fröschen, in: Handelsblatt Karriere, 05./06.10.2001, S. K5.

Schütz, P. (2001b): Erfolgreiche Kooperationen oder sie Suche nach dem Märchenprinz, in: Handelsblatt, 26./27.01.2001, S. K16.

Veit, R. (2006): Emotionalisierung der Marke im öffentlichen Raum, in: Marketing Journal, Sonderheft Sponsoring 2006, S. 12-14.

Willhardt, R. (2007): Das seltsame Paarungsverhalten von Marken. in: absatzwirtschaft, 7/2007, S. 40-43.

Zukunftsinstitut (2006a): So punkten Sie mit Kooperationsmanagement gleich dreifach, in: Zukunftsletter, 11/2006, S. 5.

Studien

ND&T und Sempora Management Consulting GmbH (2007): Marktorientiertes Wachstum durch Markenkooperationen, Berlin/Bad Homburg 2007.

Sponsoring Trends (2008): Studie der Pleon GmbH und der Universität der Bundeswehr München (Hrsg.), München 2008.

Sponsoring Trends (2000): Studie der Pleon GmbH und der Universität der Bundeswehr München (Hrsg.), München 2008.

Sponsor Visions (2008): Studie der pilot group (Hrsg.), Hamburg 2008.

Internetverzeichnis

Apollinaris (2007): Apollinaris „Königlicher Sommer 2007", Erscheinungsdatum: 12.06.2007, http://www.coca-cola-gmbh.de/presse/pressemitteilungen/mitteilung/pressrelease.do?id=19983, Abrufdatum: 12.12.2008.

Haladin, A. (2008): Karstadt verkauft Kaviar-Kleidung, Erscheinungsdatum: 11.03.2008, http://www.welt.de/lifestyle/article1783585/Karstadt_verkauft_Kaviar_Kleidung.html, Abrufdatum: 17.02.2009.

Hugo Boss (o.D.): Kultur Sponsoring, Erscheinungsdatum: o.D., http://www.hugoboss.com/main.php?cid=zz&lan=en&from=hbcomOpener&gotoURL=kultur-sponsoring_de_dsl&opener=index, Abrufdatum: 13.12.2008.

Hypovereinsbank (o.D): FC Bayern Sparkarte: Mehr Tore. Mehr Geld, Erscheinungsdatum: o.D., www.hypovereinsbank.de/media/pdf/PP_FCB_Sparkarte.pdf, Abrufdatum:15.11.2008.

H&M (o.D.): Matthew Williamson brings sun to H&M this summer, Erscheinungsdatum: o.D, http://www.hm.com/de/presse/pressemitteilungen/mode/fashionpressrelease.ahtml?pressreleaseid=721&nodeid=334, Abrufdatum: 25.11.2008.

Innerhofer, J. (o.D. a): Gemeinsame Sache, Erscheinungsdatum: o.D., http://www.zeit.de/online/2008/51/mode-kooperationen?page=1, Abrufdatum: 12.12.2008.

Innerhofer, J. (o.D. b): Gemeinsame Sache, Erscheinungsdatum: o.D.,http://www.zeit.de/online/2008/51/mode-kooperationen?page=2, Abrufdatum: 12.12.2008.

Kain, F. (2005): Flugtickets bald beim Discounter, Erscheinungsdatum: 21.06.2005, http://www.abendblatt.de/daten/2005/06/21/450057.html, Abrufdatum: 28.01.2009.

Krombacher (o.D.): Krombacher präsentiert Spitzensport, Erscheinungsdatum: o.D., http://www.krombacher.de/brauerei/spitzensport.php, Abrufdatum: 26.01.2009.

ND&T (o.D.): Fallbeispiel: Opel & Mango: Etablierung einer europaweiten Marketingkooperation, Erscheinungsdatum: o.D., http://www.noshokaty-doering-thun.com/de/fallbeispiel1.php, Abrufdatum: 13.12.2008.

ND&T (2008): Marketing co-operations in a nutshell, Erscheinungsdatum: 04.08.2008, http://www.mesh-box.com/?p=577, Abrufdatum: 17.02.2009.

Öchsner, T. (2004): Wenn Heimtore extra Zinsen bringen, Erscheinungsdatum: 10.02.2004, http://www.sueddeutsche.de/wirtschaft/438/346276/text/, Abrufdatum: 17.12.2008.

o.V. (2008a): Lidl verkauft wieder Bahntickets, Erscheinungsdatum: 17.12.2008, http://www.horizont.net/aktuell/marketing/pages/protected/Lidl-verkauft-wieder-Bahn-tickets_81101.html, Abrufdatum:17.12.2008.

o.V. (2008b): Eltern.de intergriert Hallobabysitter.de, Erscheinungsdatum: 15.10.2008, http://www.internetworld.de/Nachrichten/Etats/Eltern.de-integriert-Hallobabysitter.de, Abrufdatum: 28.11.2008.

o.V. (2008c): T-Mobile brings you closer to Robbie Williams, Erscheinungsdatum: 8/2008, http://optimistprime.files.wordpress.com/2008/08/picture-30.png, Abrufdatum: 03.01.2009.

o.V. (2007): Ritter Sport stößt mit Ramazzotti an, Erscheinungsdatum: 12.12.2007, http://www.wuv.de/news/unternehmen/meldungen/2007/12/81636/index.php, Abrufdatum: 03.12.2008.

o.V. (2004): Bildungssponsoring und Werbung, Erscheinungsdatum: 15.04.2004, http://www.stern.de/politik/deutschland/bildungspolitik-schule/:Hintergrund-Bildungs-sponsoring-Werbung/522706.html, Abrufdatum: 26.11.2008.

Premiere (o.D.): Sponsoring: Einen bleibenden Eindruck hinterlassen, Erscheinungsdatum: o.D., http://www.premium-solutions.de/html/de/101_sponsoring.html, Abrufdatum: 25.11.2008.

Reidel, M. (2008): Spot-Premiere: Oli Kahn und Heiner Brand werben für Toyota, Erscheinungsdatum: 23.12.2008, http://www.horizont.net/aktuell/marketing/pages/protected/Spot-Premiere-Oli-Kahn-und_Heiner-Brand-werben-fuerToyota_81192.html, Abrufdatum: 27.01.2009.

SpoBis (o.D.): Deutsche Post- DTM Sponsoring, Erscheinungsdatum: o.D., http://spobis.de/index.php?id=96, Abrufdatum: 15.01.2009.

Viessmann (o.D.): Mit Spitzentechnik zu Spitzenleistungen, Erscheinungsdatum: o.D., http://www.viessmann.de/de/portrait/sport-sponsoring.html, Abrufdatum: 17.12.2008.

Zukunftsinstitut (2006b): Mash it up! Wie neue Allianzen Business und Konsum prägen, Erscheinungsdatum: November 2006, http://www.zukunftsinstitut.de/verlag/zukunftsdatenbank_detail?nr=1744, Abrufdatum: 12.12.2008